Tim Flannery

IM REICH DER INSELN

Meine Suche nach unentdeckten Arten
und andere Abenteuer im Südpazifik

Übersetzt von Jürgen Neubauer

S. FISCHER

Erschienen bei S. FISCHER

Die australische Originalausgabe
erschien unter dem Titel
»Among the Islands: adventures in the Pacific«
im Verlag The Text Publishing Company,
Melbourne, Australia
© Tim Flannery 2011

Für die deutsche Ausgabe:
© S. Fischer Verlag GmbH,
Frankfurt am Main 2013

Karten: Peter Palm, Berlin
Satz: Fotosatz Amann, Aichstetten
Druck und Bindung: CPI – Clausen & Bosse, Leck
Printed in Germany
ISBN 978-3-10-021116-3

Für ALS

INHALT

IM REICH DER INSELN

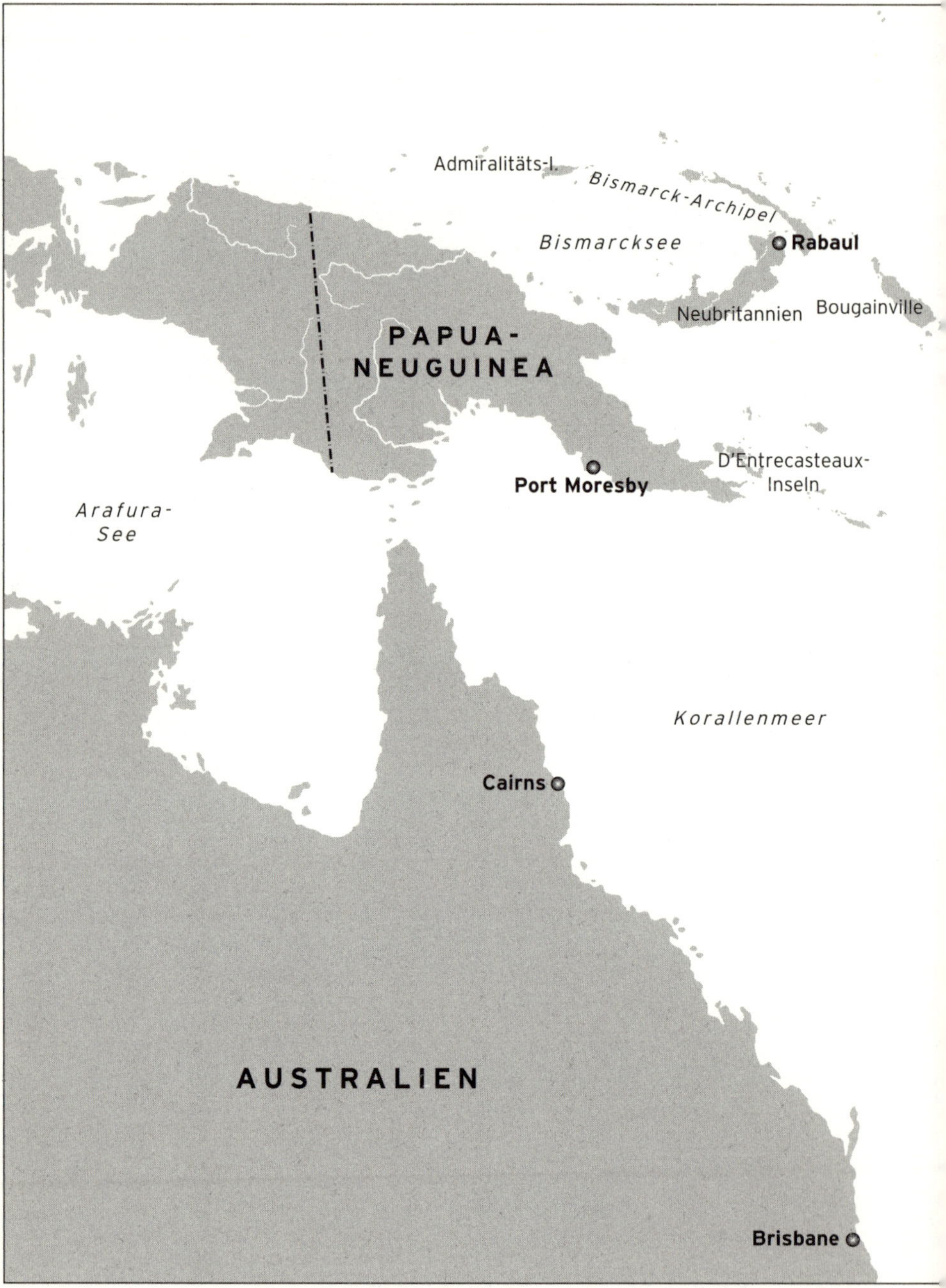
Admiralitäts-I.
Bismarck-Archipel
Bismarcksee
Rabaul
Neubritannien
Bougainville
PAPUA-
NEUGUINEA
Port Moresby
D'Entrecasteaux-
Inseln
Arafura-
See
Korallenmeer
Cairns
AUSTRALIEN
Brisbane

PAZIFISCHER
OZEAN

Salomonen

eugeorgien

Guadalcanal

Vanuatu

Fidschi

Neukaledonien
(franz.)

| 0 | 300 | 600 | 900 km |

EINLEITUNG

Mehr als ein Jahrzehnt lang hatte ich den besten Job der Welt. In den achtziger und neunziger Jahren reiste ich als Leiter eines Teams von Wissenschaftlern durch das tropische Inselparadies Ozeaniens und forschte nach Beuteltieren, Fledermäusen und Ratten, die es sonst nirgends auf der Welt gibt. Wir waren Pioniere, denn es gab keine umfassende Darstellung zu den Säugetieren der Region, und unsere einzige Orientierungshilfe waren einige kurze Forschungsberichte. Viele der Inseln waren nach wie vor weiße Flecken auf der Landkarte, denn die letzten Säugetierforscher, die hier vorbeigeschaut hatten, waren oft die Entdecker aus der Zeit der Segelschifffahrt gewesen.

Die Vielfalt der Tiere und Pflanzen auf einer Insel reagiert ausgesprochen empfindlich auf jeden menschlichen Eingriff. Neuseeland ist ein typischer Fall: Seit der Ankunft des Menschen sind mehr als ein Drittel aller Vogel- und Fledermausarten der Insel ausgestorben, und ein weiteres Drittel ist vom Aussterben bedroht. Zahlen wie diese warfen die Frage auf, wie es den Säugetieren auf den nördlicher gelegenen Inseln angesichts der eingeschleppten Arten und der Besiedlung durch die Europäer ergangen war. Da in jüngster Zeit niemand mehr auf diesen Inseln geforscht hatte, gab es jedoch keine Antwort auf diese Frage. Wir gingen davon aus, dass einige Arten verschwunden waren, ehe irgendjemand bemerkt hatte, dass sie überhaupt vom Aussterben bedroht waren, weshalb unser Abenteuer etwas von einem Kampf gegen Windmühlenflügel hatte. Aber genauso denkbar war es, dass sich auf den Inseln, Riffen und wolkenverhangenen Gipfeln die eine oder andere Art versteckte, die früheren Forschern entgangen war und die der Entdeckung durch die Wissenschaft harrte.

Wir bereiteten unsere Expeditionen in verstaubten Bibliotheken und Museen vor. Damals gab es noch kein Internet, und wenn wir einen Artikel in der Zeitschrift des *Museo Civico di Storia Naturale di Genova* oder in der obskuren, in Shanghai veröffentlichten Fachzeitschrift *Memoires concernant l'histoire naturelle de l'Empire Chinois* nachschlagen wollten, mussten wir uns wohl oder übel in eine Bibliothek bemühen, die diese Zeitschriften abonniert hatte, und oft gleich noch einen Übersetzer mitbringen. Doch viele wichtige Funde waren noch nicht einmal in Fachartikeln beschrieben worden, etwa wenn der Entdecker noch auf den Inseln verstorben war, seine Schätze ohne ihn in der Heimat angekommen waren und dort niemand etwas mit ihnen anfangen konnte oder wollte. So kam es, dass wir uns in vergessenen Sammlungen großer und kleiner Museen zwischen London und Peking über Vitrinen beugten und ausgestopfte Ratten und Fledermäuse begutachteten. Einige der Sammlungen hatten Feuer, Bombardements und Evakuierungen überlebt. Während wir jahrhundertealten Hinweisen auf die Existenz von sonderbaren Geschöpfen wie Riesenratten, Flughunden und Tüpfelkuskusen nachspürten, wuchs unsere Achtung vor den Männern, die diese Exemplare gesammelt, und den Kuratoren, die sie über so lange Zeit hinweg bewahrt hatten.

Es ist ein magisches Erlebnis, eine alte Museumsvitrine zu öffnen und vor den Überresten eines Tiers zu stehen, das einst auf einer (inzwischen von europäischen Einflüssen völlig veränderten) Pazifikinsel lebte und um die halbe Welt gereist ist, um jetzt vor uns zu liegen. Es ist fast so, als würde man selbst eine Zeitreise unternehmen. Dieses mottenzerfressene Fell oder Hautfetzchen ist vielleicht das Einzige, was von einer ganzen Art übrig geblieben ist, weshalb die Freude über den Fund oft durch ein Gefühl der Trauer getrübt wird. Denn das könnte tatsächlich alles sein, was wir je über eine Art in Erfahrung bringen werden, die vor Jahrmillionen ihren eigenen Weg ging und einst im Ökosystem einer Insel eine Schlüsselrolle spielte, aber unlängst ausgelöscht wurde und nie mehr gesehen werden wird.

Oder doch nicht? Wer konnte schon wissen, ob die Art nicht vielleicht doch im dichtesten Urwald oder auf dem höchsten Gipfel einer Insel ausharrte? Die Exemplare, die am schwierigsten zu bestimmen waren, boten nicht einmal Aufschluss darüber, wo genau sie gefunden worden waren: Auf den Etiketten stand kein exakter Fundort, sondern bestenfalls eine Inselgruppe oder sogar nur die Forschungsreise, auf der sie gesammelt worden waren. Solche Arten stellten uns vor ganz besondere Herausforderungen, aber selbst die bekannteren waren oft eine harte Nuss. Wo und wie sucht man auf einer Insel, die so groß ist wie ein europäisches Land, nach einem faustgroßen Nachttier, das seit einem Jahrhundert nicht mehr von Wissenschaftlern gesichtet worden ist? Aber wir waren jung und optimistisch, dass wir die wenigen Spuren schon richtig zu deuten wüssten. Manchmal führte uns ein einziges Wort auf einem Etikett an unvorstellbare Orte – Dörfer, in die seit Menschengedenken kein Weißer mehr gekommen war, oder Berggipfel, die von außerirdisch anmutenden Pflanzen überwuchert wurden. Dann wussten wir, dass unsere Suche mindestens genauso wichtig war wie das Ziel selbst.

Im Laufe unserer Arbeit schlugen mich die hohen Gipfel der Pazifikinseln in ihren Bann. Aus biologischer Sicht gehören sie zu den am schlechtesten erforschten Regionen unseres Planeten, und bis heute sind einige der Berge, die es an Höhe mit dem Mount Kosciuszk, dem höchsten Berg Australiens, aufnehmen können, von keinem Wissenschaftler bestiegen worden. Diese wolkenverhangenen Gipfel, die oft von den Inselbewohnern verehrt werden, sind in vieler Hinsicht vergessene Welten – Inseln in den Wolken auf einer Insel im tropischen Meer. Aber sie zu besteigen war alles andere als einfach. Tabus der Einheimischen, schlechtes Wetter, dichte Urwälder oder ganz einfach die schiere Abgeschiedenheit machen diese Berge zu den am schwersten erreichbaren Orten der Erde.

Unser Forschungsgebiet war die große Kette von Inseln zwischen Sulawesi und Fidschi. Mit einer Länge von 6000 Kilometern quert sie den Äquator und umspannt eine riesige Region: Die Entfernung zwischen beiden Enden ist größer als die zwischen Paris und Montreal und fast so groß wie die zwischen Peking und Kairo. Doch im Unterschied zu diesen, ähnlich großen Regionen, besteht sie aus Tausenden von Inseln, jede mit ihrer eigenen Geologie, Vegetation, Form, Größe und Besiedlungsgeschichte. Die Bandbreite reicht vom polynesischen Atoll bis zu den größten, höchsten, am stärksten zerklüfteten und ältesten Inseln des Planeten. Damit ist die Region eine Miniaturversion unserer Erde.

Einige der Inseln begannen ihr Dasein als Bruchstücke, die vor hundert Millionen von Jahren von uralten Superkontinenten abbrachen, andere wurden vor nicht ganz so langer Zeit von der großen Insel Neuguinea getrennt. Wieder andere wurden von unterseeischen Vulkanen ausgespuckt; sie stießen als nackte Felsen durch die Wellen und erwachten erst zum Leben, als Samen, Sporen und Insekten angespült wurden. Die Insel Krakatau, die 1883 in einer gewaltigen Vulkanexplosion in die Luft flog und danach erneut aus dem Meer wuchs, gibt uns eine Vorstellung davon, wie dieser Prozess abgelaufen sein könnte: Zuerst wird das Neuland von Farnen und Insekten besiedelt, dann folgen Blütenpflanzen, Vögel und Reptilien.

Inseln entstehen aber auch auf andere Weise. Einige werden einfach durch die Bewegung der Kontinentalplatten nach oben gedrückt, während andere vor zehn- oder zwanzigtausend Jahren noch über Landbrücken mit dem Festland verbunden waren und erst durch den steigenden Meeresspiegel abgeschnitten wurden. Wieder andere Inseln entstehen in einer Kombination aus diesen Prozessen. Aber unabhängig von ihrer Entstehungsgeschichte haben alle Inseln eines gemeinsam: ihre Vergänglichkeit. Zwar leben manche Inseln länger als andere, doch am Ende sind alle dazu verdammt, wieder unter den Wellen zu versinken oder mit dem Festland zu verschmelzen. Allein in den vergangenen Jahrhunderten wurden Dutzende Inseln geboren, während andere verschwanden. Genau wie wir Menschen sterben alle Inseln irgendwann, während ständig neue geboren werden.

Auf Inseln kann sich die Evolution beschleunigen oder verlangsamen. Sie kann auch ungewöhnliche Wege gehen und neue Lebewesen hervorbringen, die perfekt an die einmaligen Lebensbedingungen auf der Insel angepasst sind. Warum haben Inseln derartige Auswirkungen auf evolutionäre Abläufe? Stellen Sie sich ein Lebewesen vor, das sich im komplexen Ökosystem eines Kontinents entwickelt hat, und setzen Sie zwei oder drei beliebige Exemplare dieser Art auf einer Insel aus, auf der zuvor nichts Vergleichbares existierte. Wenn sie überleben und sich vermehren, bekommen ihre Nachfahren nur einen kleinen Ausschnitt der genetischen Vielfalt der gesamten Art mit auf den Weg, und das allein hat schon erhebliche Auswirkungen. Um sich das bildlich vor Augen zu führen, stellen Sie sich nur vor, was passiert, wenn Sie zwei beliebige Menschen – zum Beispiel einen rothaarigen Mann und eine zwei Meter große Frau – auf einer einsamen Insel aussetzen und nach einer Million Jahren zurückkommen, um sich ihre Nachfahren anzusehen.

Aber die Gene sind nur der Anfang, denn wenn ein Lebewesen auf einer Insel ankommt, wird es buchstäblich in eine andere Welt versetzt. Seine Fressfeinde, Konkurrenten, Krankheiten und bevorzugte Nahrung kommen in der neuen Heimat vielleicht nicht vor. Außerdem verfügt es nun nicht mehr über den schier grenzenlosen Lebensraum des Kontinents, sondern gehört einer kleinen Population an, die ringsum von Wasser eingeschlossen ist. Unter solchen Umständen können sich evolutionäre Abläufe beschleunigen. Zu Beginn vermehrt sich die Art vermutlich rasch, da das Bevölkerungswachstum nicht mehr durch Feinde und Krankheiten eingedämmt wird. Aber schon bald steht die Art vor dem Problem der Überbevölkerung: Die meisten Individuen sterben, und nur diejenigen überleben, die einen bestimmten Vorteil mitbringen. Vielleicht können die Angehörigen dieser glücklichen Minderheit die Nahrung verwerten, die andere nicht verdauen können, vielleicht sparen sie Energie, weil sie kaum fliegen, oder vielleicht sind sie kleiner als ihre Artgenossen und können mit den knappen Ressourcen der Insel auskommen. Da die Population klein und der Ausleseprozess gnadenlos ist, wird die Evolution stark beschleunigt. Der evolutionäre Druck kann weitreichende Auswirkungen haben. Wie im Fall des Dodo kann er Lebewesen hervorbringen, die von einem anderen Planeten zu stammen scheinen. Nur wenige Wissenschaftler untersuchen die auf Inseln lebenden Säugetiere, die meisten beschäftigen sich mit anderen geübten Siedlern wie den Vögeln. Doch einige Inselsäugetiere haben ähnlich beeindruckende Verwandlungen durchgemacht wie der Dodo. Fledermäuse haben beispielsweise Eigenschaften von Affen angenommen, und Ratten haben sich Dachsen, Spitzmäusen und Possums angenähert. Aber auch die Menschen werden vom Inselleben geprägt, weshalb die Inselkulturen zu den vielfältigsten und erstaunlichsten der Erde zählen.

Nicht alles Leben auf den Inseln geht auf Reisende zurück, die mit Flößen oder Flügeln ankommen. Inseln, die von Kontinenten abbrechen oder durch andere geologische Kräfte vom Festland getrennt werden, nehmen einen Teil des Lebens vom alten Kontinent mit. In diesem Fall werden ganze Ökosysteme abgeschnitten und passen sich über Jahrmillionen hinweg an den kleinen, isolierten Lebensraum an. Dabei sterben unweigerlich einige Arten aus, weil es ihnen nicht gelingt, sich an die beschränkten Ressourcen anzupassen. Gleichzeitig können neue Arten, die sich anderswo auf dem Kontinent entwickeln, die Insel nicht mehr besiedeln. Das hat für die Inselbewohner oft eine Verlangsamung der evolutionären Prozesse zur Folge. Da Konkurrenz ein Motor der Evolution ist, bedeuten weniger konkurrierende Arten auch weniger Veränderungen, und unter diesen Umständen kann die Evolution beinahe zum Stillstand kommen. So kann eine Insel zu einer Arche voller »lebender Fossilien« werden – Arten, die anderswo längst ausgestorben sind oder sich durch evolutionäre Prozesse bis zur Unkenntlichkeit verändert haben.

Auf den Inseln spielt die Evolution auch mit der Größe der Lebewesen. Die Inseln der Welt sind (oder waren) von riesigen Ratten, Schildkröten und Laufvögeln bevölkert. Aber es gibt auch Zwerge. Vor der Besiedlung durch die Menschen wimmelte es auf den Inseln des Mittelmeers und der Arktis von Elefanten, Mammuts und Flusspferden, die kaum größer waren als Ponys. Auf der Insel Flores im Indonesischen Archipel lebten sogar Zwergmenschen, die sogenannten Hobbits. Aus Zwergen werden Riesen und aus Riesen Zwerge, denn Inseln sind die großen Gleichmacher und sorgen dafür, dass sich die Arten, die hier in Abgeschiedenheit vom Rest der Welt leben, einer gemeinsamen Idealgröße annähern.

Aber unabhängig von ihrer Größe und Herkunft reagieren die Arten und Ökosysteme auf Inseln ausgesprochen sensibel auf Eindringlinge. Dabei ist es gleichgültig, ob diese auf der Insel angespült oder vom Menschen eingeschleppt werden: Sie stellen eine große Bedrohung für die ursprünglichen Bewohner dar, und kaum eine Insel war zu Beginn des 20. Jahrhunderts nicht davon betroffen. Nach dem Menschen ist der gefährlichste Eindringling die Ratte, aber auch Katzen, Schlangen und sogar Schnecken haben ganze Inseln mit ihren einmaligen Arten verwüstet.

Wenn Inselbewohner derart bedroht sind, dann liegt das daran, dass sie oft nur wenigen Fressfeinden, Konkurrenten oder Krankheiten ausgesetzt sind. Unter diesen Umständen sind Arten im Nachteil, die zu viel Energie in die Fähigkeit zur schnellen Flucht oder die Produktion von Giftstoffen zur Abschreckung von Feinden investieren, während andere, die mehr Energie in die Fortpflanzung stecken, im Konkurrenzkampf einen Vorsprung haben. Deshalb sind so viele Inselvögel flugunfähig, und deshalb sind die Nüsse und Blätter so vieler Inselbäume auch roh verzehrbar – Bäume, die in Giftstoffe investieren, statt in Früchte und Nüsse, geraten im Wettlauf der Evolution ins Hintertreffen. Aber Inselbewohner legen auch ihre Angst ab. Ängstliche Lebewesen verschwenden viel Energie auf die Flucht vor tatsächlichen oder eingebildeten Gefahren. Sind die Gefahren überwiegend eingebildet, wählt die Evolution diejenigen Individuen aus, die sich ihre Energie für die Fortpflanzung aufheben. Viele Inselvögel fliehen nicht vor Katzen oder Menschen, selbst wenn sie angegriffen werden. Es wurden sogar Vögel beobachtet, die auf ihren Eiern sitzen blieben, während sie bei lebendigem Leib von Ratten gefressen wurden.

Die Geschichte des Kolonialismus zeigt, dass auch die menschlichen Inselkulturen durch Eindringlinge von außen bedroht sind. Die Machtstruktur auf Hawaii wurde beispielsweise von einem Dutzend Metallklingen umgekrempelt, die ein Schiffsschmied während der Entdeckungsreise von James Cook zurückließ. Die wenigen glücklichen Häuptlinge, die in ihren Besitz kamen, gründeten Reiche. Trotzdem ist es erstaunlich, inwieweit Inselkulturen dem ständigen Druck von außen widerstanden haben. Vielleicht ist die Veränderung fester Bestandteil des Insellebens – so alt wie die älteste Insel und so umfassend wie das Meer, das sie umgibt. Solche Beispiele machen mir Hoffnung, dass vieles von dem, was Inseln so einmalig macht, überleben kann, wenn es eine Chance bekommt.

Der Kontinent Australien warf seinen langen Schatten über das weite Inselreich, das wir auf unseren Expeditionen untersuchen – einen Schatten aus Lebewesen, die im Laufe von Äonen zu den Inseln trieben oder flogen. Darunter finden sich sonderbare Beuteltiere, einmalige Paradiesvögel und zahllose andere Lebensformen, die sich vor Jahrmillionen im weiten, braunen Land entwickelten. Aber als sie sich auf den Inseln niederließen, machten sie Verwandlungen durch. Arten wie diese sind für Biologen unwiderstehlich, da sich in den vielfachen Veränderungen das geheimnisvolle Wirken der Evolution beobachten lässt. Als die Vorfahren dieser Tiere Australien verließen, war der Kontinent noch von Regenwäldern bedeckt, und auf einigen Inseln finden sich die Relikte von Lebensformen, die in ihrer ursprünglichen Heimat längst verschwunden sind. Bei der Untersuchung solcher Pflanzen- und Tierarten bekamen wir eine Ahnung davon, wie Australien einmal ausgesehen haben mag.

Auf unseren Expeditionen durch die ausgedehnte Inselregion reisten wir mit allen zur Verfügung stehenden Verkehrsmitteln, vom Flugzeug und Ozeandampfer über die Fähre bis hin zum Einbaum. Wir sahen und beschrieben Welten, in die oft vor uns noch kein Forscher seinen Fuß gesetzt hatte. Eine Insel zu durchstreifen, deren Säugetierfauna noch niemand beschrieben hatte, war vielleicht das Aufregendste, was man als Wissenschaftler erleben kann.

I

IM REICH DES SONNENVOGELS

Neubritannien

PAZIFISCHER
OZEAN

Salomonensee

Melanesien

Kiriwina

Trobriand-Inseln

Woodlark
D'Entrecasteaux-Inseln   O Guasopa
Goodenough

PAPUA-   Normanby
NEUGUINEA   Alcester

Goodenough
Mt. Simpson ▲   Bay   Fergusson

Alotau O
Milne Bay
Samarai   L o u i s i a d e - A r c h i p e l

Sideia
China-Straße

0   50   100   150 km

Die verschiedenen Inseln vor der Südostküste Neuguineas sind durch eine gemeinsame menschliche Kultur miteinander verbunden. Es ist die Region des Kula-Rings, und seit undenklichen Zeiten fahren Männer in prächtigen Kanus von einer Insel zur anderen, um den als Kula bekannten Muschelschmuck zu tauschen. Es ist eine faszinierende Weltgegend, deren Artenvielfalt zwar begrenzt, aber noch immer nicht gänzlich erforscht ist. Hier begann meine Reise durch das Inselreich Melanesiens.

Es ist ein bisschen merkwürdig, dass die europäischen Entdecker diese Region schon kartierten, bevor das Innere ihrer eigenen Heimatländer auf verlässlichen Karten erfasst worden war. Doch für Seefahrer ist das Meer eine Schnellstraße. Auf ihr besiedelten die Vorfahren der Polynesier zwei Drittel der südlichen Erdhalbkugel von Madagaskar im Westen bis Henderson Island im fernen Ostpazifik und hinterließen unterwegs Kulturen mit einem gemeinsamen linguistischen und kulturellen Ursprung. Rund ein Jahrtausend später folgten ihnen die Europäer, die das Inselreich zunächst vermaßen und kartierten, dann Siedlungen gründeten und schließlich Kolonien errichteten. Die Inseln südöstlich von Papua waren mit die letzten, die sich die Kolonialreiche einverleibten.

Die größten und aus biologischer Sicht interessantesten Inseln im Südosten von Neuguinea sind die D'Entrecasteaux-Inseln. Sie liegen wenige Kilometer vor der Nordostküste Neuguineas und bilden eine 160 Kilometer lange Kette. Der erste Europäer, der sie sichtete, war ein Franzose namens Antoine Raymond Joseph de Bruni d'Entrecasteaux, Kapitän der *L'Esperance*, der auf der Suche nach der verschollenen Lapérouse-Expedition unterwegs war. Nachdem die *L'Esperance* Anfang 1789 in der Botany Bay die Segel gesetzt hatte, war sie wie vom Meer verschluckt, und es sollte noch Jahrzehnte dauern, bis bekannt wurde, dass sie vor der Insel Vanikoro gesunken war.

Obwohl die Inselgruppe seinen Namen trägt, ging d'Entrecasteaux nicht an Land und hat nur wenig über die Inseln zu berichten. Der erste Europäer, der hier vor Anker ging, war Kapitän Moresby im Jahr 1874; ihm folgten wenig später Missionare, Händler und Biologen.

Weiter südöstlich von Neuguinea liegt eine Inselkette namens Louisiade-Archipel, das 1768 von einem anderen französischen Seefahrer, Louis Antoine de Bougainville, benannt wurde. Der französische Beitrag zur Erforschung und Kartierung des Pazifiks wird heute oft unterschätzt, doch ein Blick auf die Landkarte genügt, um sich das gallische Erbe vor Augen zu führen. Die französischen Entdecker können durchaus mit ihren britischen Kollegen mithalten, auch wenn sonderbarerweise die großen kolonialen Besitzungen der Franzosen, Tahiti und Neukaledonien, nicht von ihnen selbst entdeckt wurden, sondern von Briten.

Auf unserer Expedition streiften wir lediglich den westlichen Rand des Louisiade-Archipels, und bis heute sind seine Säugetiere nur mangelhaft dokumentiert. Zwischen dieser ausgedehnten Inselregion und dem Festland liegt die China-Straße mit der Insel Samarai. Die China-Straße ist eine wichtige Schifffahrtsroute, die Seeleuten ein Begriff ist, weshalb auch Samarai lange weithin bekannt war, da es mitten in dieser Handelsstraße liegt. Mit ihren 24 Hektar Fläche ist sie ein winziges Eiland, doch im Jahr 1907 wurde sie sogar Sitz der Bezirksregierung. Damals hatte die Insel drei Pubs, einen eigenen Bischof samt Kirche, drei Läden sowie verschiedene Regierungsgebäude, Krankenhäuser und private Wohnhäuser. Im Jahr 1927 kam der elektrische Strom und mit ihm die Straßenbeleuchtung auf die Insel, und Samarai schien auf dem besten Weg, sich in ein blühendes Regionalzentrum zu verwandeln. Doch im Januar 1942 wurde es von seinen eigenen Bewohnern zerstört, die aus Furcht vor einer Invasion durch die Japaner fast die gesamte Infrastruktur unbrauchbar machten.

Jenseits dieser Archipele liegen einige entlegenere Inseln, darunter Kiriwina, eine der Trobriand-Inseln, sowie Woodlark und Alcester.

1

DIE WANDERNDE INSEL

Es war die Verlockung, eine Zeitreise machen zu können, die mich über das Meer nach Melanesien führte. Es war das Jahr 1987, ich war Anfang dreißig, und ich bekenne, dass meine Jugendphantasien von den legendären Liebesinseln, die der polnische Anthropologe Bronislaw Malinowski beschreibt, zum Teil für diese Anziehung verantwortlich waren. Malinowski hatte in den zwanziger Jahren auf Kiriwana auf den Trobriand-Inseln gelebt, und in seinem Buch *Das Geschlechtsleben der Wilden in Nordwest-Melanesien* beschrieb er in schillernden Darstellungen die vermeintliche Promiskuität der jungen Menschen, die er dort antraf.[1] Zum Zeitpunkt meiner ersten Reise war ich Leiter der Säugetierabteilung des Australischen Museums in Sydney; Mädchen in Schilfröcken zählten zwar rein biologisch ebenfalls zu den Säugetieren, doch sie fielen ganz entschieden nicht in mein Forschungsgebiet. Stattdessen stand die Verbreitung von Possums, Fledermäusen und Ratten auf der Forschungsagenda.

Ich war als Forscher eingestellt worden. Der Bezahlung und dem Rang nach stand ich zwar in der wissenschaftlichen Hackordnung des Museums ganz unten, aber das war mir gleichgültig. Für mich zählte nur, dass ich eine große Tradition von Kuratoren fortsetzen und die Säugetiere Neuguineas und Melanesiens erforschen sollte. Das Museum konnte auf eine stolze Geschichte bei der Erforschung des Pazifikraums zurückblicken, und schon bald erkannte ich, dass es in seiner Sammlung zahlreiche wichtige Exemplare gab, die zum Teil noch aus der Zeit der Segelschifffahrt

stammten. Während ich mich über die Exemplare der Säugetiersammlungen beugte, bekam ich einen ersten Eindruck von der
Verbreitung der verschiedenen Säugetierarten auf den Pazifikinseln. Aber selbst wenn ich das hinzunahm, was ich aus Veröf-
fentlichungen kannte, blieb mein Wissen ausgesprochen lücken-
haft – wie ein Puzzle, in dem neun von zehn Teilen fehlen. Erst
kürzlich war ein Standardwerk über die Säugetiere Australiens
veröffentlicht worden, und ich nahm mir vor, ein ähnliches Buch
für Ozeanien zu verfassen. Doch es gab so viele weiße Flecken
auf der Landkarte, dass gewaltige Forschungsarbeiten vor Ort
nötig waren, ehe ich dieses Projekt angehen konnte.

Das Museum ermunterte mich zwar in meinem Forscher-
drang, doch leider konnte es mir über meinen bescheidenen Lohn
hinaus keine finanzielle Unterstützung gewähren. Also musste
ich andere Geldquellen auftun. Eine war die Australian Museum
Society (TAMS). Diese Fördervereinigung wurde von der wunderbaren Susan Bridie geleitet und hatte mehrere hundert be-
tuchte Mitglieder, die das Museum unterstützten, aber auch an
der Förderung der Feldforschung interessiert waren.

Und so stand ich an einem sonnigen und windigen Augusttag
des Jahres 1987 auf einem Kai im Norden der australischen
Provinz Queensland, neben mir einige Menschen, die ich kaum
kannte. Um diese Jahreszeit weht der Südost-Passat, die Wellen
trugen Schaumkronen, und der Wind blies unerbittlich. Unsere
Forschungsausrüstung – Fallen, Netze und Vorräte sowie große
silberne Tanks mit Flüssigstickstoff (mit dessen Hilfe wir die
DNA-Proben konservieren konnten, die uns Aufschluss darüber
geben sollten, auf welchem Weg die gefundenen Tiere auf ihre
Inselheimat gekommen waren) – lag aufgetürmt auf einem Steg
neben einem Aluminium-Katamaran, auf dessen Bug der Name
Sunbird stand. Das Boot gehörte dem Museum und war vom
japanischen Whiskey-Hersteller Suntory gestiftet worden. Leider

fand ich nie heraus, worin die Beziehung zwischen alkoholischen Getränken und dem Museum bestand. Vielleicht war einer der früheren Direktoren dem Produkt ja besonders zugetan, überlegte ich, während wir unsere Gerätschaften an Bord verstauten.

Im Rückblick wirkt unsere ganze Expedition hoffnungslos romantisch. TAMS hatte sich bereit erklärt, sie zu organisieren und finanzieren, und im Gegenzug sollten fünf Mitglieder der Gesellschaft an der biologischen Entdeckungsfahrt teilnehmen. Unser Ziel war eine der am schwersten zugänglichen großen Inseln Melanesiens: Woodlark, eine der Trobriand-Inseln. Woodlark schien mir aufgrund ihrer Größe, ihrer geringen Bevölkerung und ihrer zahlreichen unberührten Lebensräume besonders attraktiv. Außerdem war die Insel die Heimat eines ungewöhnlichen Kuskus (eines Beuteltiers von der Größe einer Hauskatze), und ich vermutete, dass noch weitere unentdeckte Arten dort auf mich warteten. Leider gab es dort keinen Flugplatz, weshalb wir auf die *Sunbird* zurückgreifen mussten.

Vor unserer Expedition war Woodlark erst zweimal von Säugetierforschern besucht worden. Im Jahr 1894 hatte Albert Meek, einer von Lord Walter Rothschilds abenteuerlustigsten biologischen Sammlern, versucht, die Insel in einem sieben Meter langen Walfangboot zu erreichen. Später schrieb er über den tollkühnen Versuch: »Ich hatte keine Ahnung von Navigation, und wir hatten nicht einmal einen Kompass an Bord … Die Erfahrung lehrte mich, dass man die Navigation nicht auf die leichte Schulter nehmen sollte.«[2] Über Tage hinweg wurde Meek von denselben Passatwinden abgetrieben, die uns im Hafen von Cairns durchpusteten. Schließlich wurde er so weit hinaus aufs Meer getrieben, dass er im Mondlicht auf eine unbekannte Küste zusegeln musste. Da ihm Streichhölzer und Essen ausgingen, musste er seinen ersten Versuch der Landung auf der Insel abbrechen.

Monate später unternahm er einen weiteren Anlauf. Diesmal wurde er von einer großen Welle aus dem Boot gespült. Nur die Schmerzen, die er verspürte, als ihm die Korallen die Beine aufrissen, gaben ihm die Kraft, sich aus der Brandung zu retten, berichtete er später. Doch ein einheimischer Junge, der ihn begleitete, wurde an der zerklüfteten Küste zerschmettert. Meek wurde klar, dass er ein größeres Boot benötigte, und kaufte einen neun Tonnen schweren Kutter. Als er 1895 schließlich in Woodlark an Land ging, war er der erste Biologe, der seinen Fuß auf die Insel setzte. Als ich Meeks Reisebericht *A Naturalist in Cannibal Land* las, hoffte ich auf eine schillernde Darstellung seiner Erfahrungen und Beobachtungen, doch zu meiner Enttäuschung handelte er die Insel in gerade einmal vier Zeilen ab.[3] Vielleicht war er zu erschöpft und krank, um mehr zu schreiben, vielleicht fand er die Insel auch einfach nur langweilig. Wie dem auch gewesen sein mag, zu seinen Entdeckungen auf der brandungsumtosten Insel gehörte eine sonderbare Possum-Art mit einem verrückten, schwarz, braun, gelb und weiß gescheckten Fell. Jedes Tier schien ein unverwechselbares Muster zu haben, eine Eigenschaft, die man bei Haustieren viel häufiger vorfindet als bei Wildtieren.

Es sollten fast sechzig Jahre vergehen, ehe ein weiterer Biologe in Meeks Fußstapfen trat. Diesmal handelte es sich um Mitarbeiter des Amerikanischen Naturkundemuseums, die im Rahmen einer gut organisierten und finanziell großzügig ausgestatteten Expedition auf die Insel kamen. Im Jahr 1956 verbrachte die Gruppe drei Wochen im Süden und Westen der Insel und berichtete, sie habe in den dichten Wäldern kaum Säugetiere gefunden. Der ungewöhnliche Kuskus machte sie stutzig. Sie fügten Meeks Liste einige Ratten und Fledermäuse hinzu, doch ich hatte meine Zweifel, ob die Gruppe wirklich alle Mittel ausgeschöpft hatte. Als ich auf dem Kai vor der *Sunbird* saß, dachte ich über unsere

Aussichten nach. Würde mein Team neue Entdeckungen machen, und wenn ja, was würden wir finden?

Während ich noch über unser Projekt nachsann, trat ein weißhaariger Mann in Jeans aus der Kajüte der *Sunbird*. Aus seinem wettergegerbten Gesicht leuchtete ein Paar von der Sonne getrübter, aber noch immer strahlend blauer Augen. »Ich bin Matt Jumelett, Skipper der *Sunbird*«, verkündete er in breitem, holländischem Dialekt. Dann trat hinter ihm eine deutlich jüngere Blondine aus der Kajüte. »Und ich bin Mipi, die Mannschaft«, fügte sie hinzu und streckte die Hand zum Gruß aus. »Willkommen an Bord! Wollt ihr eine Tasse Tee?«

Damit gingen wir Expeditionsteilnehmer an Bord, um uns dem Kapitän und der Mannschaft vorzustellen. Unsere Gruppe bestand aus dem iranischstämmigen Unternehmer Aziz Irani, dem abenteuerlustigen Verleger Robert Saunders, der Krankenschwester Tish Ennis, dem Computerexperten und Muschelsammler Des Beechey und dem Umweltschützer und Regierungsbeamten Michael Holics. Auf Woodlark sollte ich mit zwei weiteren Expeditionsteilnehmern zusammentreffen: dem texanischen Biologen Greg Mengden, einem weltbekannten Giftschlangen-Experten, und Lester Seri, einem Biologen des Ministeriums für Umwelt und Artenschutz der Regierung von Papua-Neuguinea. Lester und ich hatten bereits drei Festlands-Expeditionen zusammen unternommen und sollten gute Freunde werden.

Nach einer Tasse Tee verstauten wir unsere Geräte auf der *Sunbird*. Es war eine enge Angelegenheit, überall stapelten sich Kisten und Gasflaschen. Matt schätzte, dass die Überfahrt über die Korallensee von Cairns nach Samarai vier Tage dauern werde. Wegen der Passatwinde, die uns entgegenbliesen, werde er vermutlich vor allem den Motor einsetzen. Ich war enttäuscht, dass wir nicht segeln würden, aber da der Wind heftigen Seegang versprach, verstand ich die Entscheidung.

Bald waren wir mittendrin, Wind im Gesicht, Motorenge-knatter im Ohr und durchgeschüttelt von den Wellen, die gegen den Rumpf der *Sunbird* schlugen. Ich schlief in der Kajüte im Bug, wo mich das Rattern des Motors und das Klatschen der Wellen in den Schlaf wiegten. Aber schon nach wenigen Stunden wurde ich von einem lauten Schlag geweckt, der das gesamte Boot erschütterte. Im Halbschlaf hatte ich das Gefühl, das Schiff würde in ein Wellental stürzen, immer tiefer und tiefer, ohne wie-der nach oben zu kommen. Wir hatten das schützende Great Bar-rier Reef hinter uns gelassen und waren in die Korallensee ein-gefahren.

Das muss gegen 2 Uhr morgens gewesen sein. Da ich zu auf-geregt war, um wieder einzuschlafen, kletterte ich an Deck. Dort erwartete mich ein Himmel, wie ich ihn noch nie gesehen hatte. Von Horizont zu Horizont glühte er vor Sternen. In unserer Bug-welle schimmerte grüner Phosphor, und hin und wieder schlug ein fliegender Fisch gegen den Aluminiumrumpf. Es war eine dieser Nächte, die herrlicher sind als jeder Tag, und nichts hätte mich im Bett gehalten. Leider hatten nicht alle so viel Glück. Des Beechey hing seekrank in seiner Koje. Als ich ihn am nächsten Morgen besuchte, sah er halbtot aus. Tish gab ihm ein Mittel, das sein Leid ein wenig zu lindern schien, doch während der gan-zen Fahrt verließ er seine Kajüte kaum. Es wunderte mich nicht, dass er nach der Expedition von Port Moresby aus nach Austra-lien zurückflog, um keine weitere Bootsfahrt durchmachen zu müssen.

Für mich als Landratte waren die Tage und Nächte in der Korallensee ein einziges Wunder. Wir passierten geheimnisvolle schäumende Linien, an denen Strömungen aufeinandertrafen und Grindwale und Haie an die Oberfläche kamen. An Orten wie die-sen biss gelegentlich eine große Goldmakrele den Köder, den wir hinter dem Katamaran ausgelegt hatten, und wir zogen den glitzernden Fisch an Bord. Diese keilförmigen Raubfische werden bis zu einem Meter lang und sind schnelle Schwimmer, die vor allem fliegende Fische jagen. Voller Leben sprangen und zappelten die Fische auf dem Deck auf und ab und blendeten uns mit ihren leuchtend gelben und blaugrünen Schuppen. Mitgefühl mag unangebracht sein, wenn man ein Abendessen angelt, doch es war traurig mitanzusehen, wie ihre Augen allmählich erblindeten und ihre Farben erloschen.

Hin und wieder ging uns auch ein Thunfisch an den Haken, der so groß war, dass wir ihn nur unter gemeinsamen Anstrengungen an Bord hieven konnten. Die Goldmakrelen, die zu den köstlichsten Meeresfischen zählen, wurden filetiert und gegessen, aber die Thunfische kamen in die Gefriertruhe. Ich hatte bereits von den Bräuchen der Menschen gehört, die wir besuchen sollten: Wenn ein Boot voller Fremder in einem Dorf an Land geht, ist ein Thunfisch ein hervorragendes Gastgeschenk.

Im Laufe der Fahrt schloss ich Freundschaft mit unserem Skipper Matt. Er erzählte mir, er sei während des Zweiten Weltkriegs erst bei der Handelsmarine gewesen und dann zur U-Boot-Flotte gewechselt. Nach seinen vielen Erfahrungen auf und unter dem Meer schien ihm Europa zu klein, weshalb er nach dem Krieg in den Südpazifik ging und bei der renommierten Handelsgesellschaft Burns Philip anheuerte. Als Kapitän hatte er jeden Schiffstyp der Flotte geführt, von der rostzerfressenen Wanne, die zwischen den Inseln hin und her schipperte, bis hin zu modernsten Containerschiffen. Er kannte die Gewässer um Neuguinea wie seine Westentasche und strahlte eine robuste Selbstsicherheit aus, die ihre Wirkung auf die Expeditionsteilnehmer nicht verfehlte. Eines war immer klar: Matt war der Kapitän. Für uns und die Mannschaft war sein Wort Gesetz.

Während unserer gesamten Fahrt warf Matt nicht einen einzigen Blick auf die Navigationsgeräte der *Sunbird*. Er verfolgte den

Kurs lieber mit Kompass und Fähnchen auf einer Seekarte, die er auf dem Tisch der Brücke ausgebreitet hatte. Er schien nie zu schlafen. Ich versuchte, ihm während der Nachtwache Gesellschaft zu leisten und lauschte seinen unglaublichen Geschichten von in Schmierölfässern geschmuggelten Pistolen, die er an chinesische Händler verkaufte, von den Gezeiten am Fly River, die ein Schiff zum Kentern bringen konnten, oder seinen Abenteuern in kaum schwimmfähigen Rostkähnen, mit denen er Wirbelstürmen und Riffen trotzte. Aber ich schaffte es nie, die ganze Nacht durchzuhalten. Und wenn ich wieder aufwachte, saß Matt immer noch da, nippte an seinem Kaffee und blickte konzentriert hinaus auf den Horizont.

Unser vierter Abend an Bord der *Sunbird* war mild, und zum ersten Mal hatte sich der Wind gelegt. Wolken zogen auf. Matt witzelte, die Nacht sei so finster wie der Arsch des Teufels. Als ich am Mast saß, eingehüllt in die samtschwarze Nacht, spürte ich mit einem Mal einen unverwechselbaren beißenden Geruch in der Nase – den Rauch eines Herdfeuers von Neuguinea. Mein erster Besuch in Neuguinea lag sechs Jahre zurück, und ich kannte den Geruch sehr gut. Ich hatte das Gefühl, augenblicklich an Land versetzt worden zu sein und vor dem Feuer zu knien, umringt von schwarzer Haut und blitzenden Augen. Eine gute Stunde später kam ein weiterer bekannter Geruch hinzu: tropische Pflanzen, die im ewigen Morast der Sago-Sümpfe verrotten. Nach vier Tagen auf See war mein Geruchssinn geschärft und verriet mir die Nähe von Dörfern und Urwäldern auf der geheimnisvollen Insel Neuguinea.

Es war schon nach Mitternacht, als wir in der China-Straße an der äußersten Ostspitze von Neuguinea vor Anker gingen. Dort warteten wir auf den Tagesanbruch und die Ankunft der Zollbeamten. Ich sah dieser Begegnung mit einem gewissen Unbehagen entgegen. Nicht nur, weil ich ihnen die Berge von wissenschaftlichen Geräten erklären musste, sondern auch, weil wir in Cairns begeistert große Mengen zollfreien Alkohol eingekauft hatten und vermutlich eine saftige Rechnung auf uns wartete. Matt blieb jedoch gelassen, und als sich um 8 Uhr ein Boot näherte, begrüßte er den Zollbeamten in fließendem Pidgin wie einen Bruder, den er seit Jahren nicht mehr gesehen hatte.

Kaum war der Knabe in seiner frisch gebügelten Uniform an Bord geklettert, bot ihm Matt ein kaltes Bier an. Der Mann nahm dankbar an, und nachdem er die erste Dose geleert hatte, reichte Matt ihm gleich die nächste. Dann öffnete der Skipper die Kiste, in der wir unseren zollfreien Alkohol verstaut hatten, doch zu meiner Verwunderung hörte ich kein Wort von Zollgebühren, die wir zu berappen hätten. Auch unsere Ausrüstung schien nicht weiter interessant zu sein. Entweder das, oder Matt hatte den Beamten mit einem weiteren Bier abgelenkt.

Bis dahin war die Begegnung glatt verlaufen. Doch dann wollte der Beamte unsere Pässe sehen. Wir Wissenschaftler hatten unsere Ausweise zur Hand, aber Matt suchte in seinen Taschen und fragte in Pidgin: »Pässe? Was soll das? Das ist mir ganz neu!« Papua-Neuguinea war seit zwölf Jahren von Australien unabhängig. Ich hielt den Atem an, denn ich dachte, die Zöllner würden uns nach Hause schicken und die ganze Expedition sei gescheitert. Wie sollte ich das nur dem Museumsdirektor erklären?, schoss es mir durch den Kopf. Aber zu meinem Erstaunen machte sich auf dem Gesicht des Zöllners lediglich ein duldsamer Blick breit, der zu besagen schien, dass er Leid gewohnt war. Er seufzte und murmelte »*Taim bilong masta*« – wörtlich »die Zeit der Herren«. In diesem Pidgin-Ausdruck, der nichts anderes meint als die Kolonialzeit, schwang eine Mischung aus nostalgischer Erinnerung an eine Zeit mit, in der noch alles einigermaßen funktionierte, und ein gewisser Ärger über die Arroganz der Kolonialherren. Offenbar hatte der Zollbeamte in der Kolonialzeit gute

Erfahrungen gemacht, denn er wandte sich dem Kapitän zu und antwortete auf Englisch: »Beim nächsten Besuch bringen Sie bitte Ihren Ausweis mit. Wir sind jetzt unabhängig!«

Nach diesem wundersamen Freispruch gingen wir auf der kleinen Insel Samarai an Land, um uns mit Proviant einzudecken und die Beine zu vertreten. Der Ort ist so klein, dass man in wenigen Minuten alles gesehen hat. Früher hatte die Insel große wirtschaftliche Bedeutung, da sie mitten in der China-Straße liegt, durch die im Zeitalter der Segelschifffahrt die Handelsroute zwischen Australien und China verlief. Hier warteten die Schätze Papuas auf die vorüberfahrenden Schiffe. Einst türmten sich Berge von Kokusnüssen, Perlen, Muscheln und Paradiesvogel-federn in den Speichern und auf den Kais. Doch bei unserem Besuch waren die Kontore von Samarai längst geschlossen. Allmählich eroberte die tropische Natur die Insel zurück. Aus den Lagerhallen wucherte das Grün, die Pfähle der Mole waren von filigranen Gorgonien-Fächern und eleganten Seeigeln bedeckt, dazwischen tummelten sich Schwärme von Fischen in allen Farben des Regenbogens.

Zwar wird noch immer Handel getrieben, doch an die Stelle der Kolonialwarenhändler mit ihren Tropenhelmen sind schüchterne einheimische Frauen getreten. Einige saßen auf dem Boden vor den verfallenen Geschäften und hatten ihre Waren sorgfältig um sich herum aufgebaut. Auf bunten Tüchern hatten sie Betelnüsse, Zitronen, Daka oder Pfefferblätter ausgebreitet – sämtlich Zutaten für die melanesische Freizeitbeschäftigung des Buai-Kauens – und diese mit einer Symmetrie und Eleganz ausgelegt, die eine moderne Kaufhausdekoration blass aussehen ließ. Andere hatten nur ein paar Zitronen vor sich aufgestapelt, wieder andere boten Muscheln zum Verkauf an. Als er von Letzteren hörte, schleppte sich Des Beechey aus seiner Koje an Land und kaufte einige der ausgefalleneren Exemplare. Ich hoffte, sein Martyrium sei nun beendet, aber es sollte eine kurze Verschnaufpause bleiben. Nachdem wir uns die Füße vertreten und unsere Neugierde befriedigt hatten, lichtete die *Sunbird* den Anker und segelte über die Schaumkronen der Salomonsee in Richtung Norden, und Des flüchtete sich wieder in seine Koje. Ich bewunderte ihn für seine Hartnäckigkeit, denn schließlich hätte er in Samarai in ein Flugzeug steigen und nach Hause fliegen können.

Die Anfahrt auf eine Tropeninsel ist ein Erlebnis. Zuerst zeichnet sich nur eine Wolkenbank am Horizont ab – ein trügerisches Zeichen, das sich auch wieder in Luft auflösen kann. Doch darunter könnte tatsächlich die ersehnte Insel liegen. Dann zeichnet sich ein grauer Streifen am Horizont ab, doch auch dies kann sich als Riff oder Strömung erweisen. Wenn der Streifen Form annimmt und Berge, Wälder, Riffe und helle Strände sichtbar werden, ist das Ende der Fahrt in Sicht. So näherten wir uns Woodlark. Muyuw, wie die Einheimischen ihre Insel nennen, ist ein großes, geheimnisvolles und abgelegenes Eiland, dessen 800 Quadratkilometer weitgehend von Regenwald bedeckt sind. Bei der Ankunft hat man das Gefühl, eine Zeitreise an den Beginn des vergangenen Jahrhunderts zu machen.

Damals wusste ich noch nicht, dass auch Woodlark »gereist« war, und zwar ungefähr auf derselben Route wie die *Sunbird*. Der Anthropologe Fred Damon schreibt: »Man sollte betonen, dass die Insel Woodlark in Bewegung ist.«[4] Ihren geologischen Ursprung hat die Insel östlich von Samarai unter den Inseln, die Neuguinea wie einen Schwanz hinter sich her zieht. Wir hatten für unsere Reise 36 Stunden benötigt, Woodlark Jahrmillionen. Während es gemächlich auf einer unterseeischen Erhebung dahindriftet, schieben sich auf der einen Seite Berge in die Höhe, und auf der anderen verfallen sie. Diese Bewegungen führen immer wieder zu Erdbeben. Im Jahr 1914 wurde die Insel einen ganzen Monat lang von derart heftigen Erdstößen erschüttert, dass die

Einheimischen in ihren Kanus schliefen, weil sie Angst hatten, die ganze Insel könnte ins Meer stürzen.

Im Süden wird das 40 Millionen Jahre alte Vulkangestein der Insel zu 400 Meter hohen, zerklüfteten Bergen gefaltet. Hier regnet es dauernd. Im Osten, wo wir anlegten und die meisten Bewohner der Insel leben, besteht die Insel überwiegend aus Kalkstein, und hier wechseln sich Trocken- und Regenzeiten ab. Die menschliche Vorgeschichte der Insel bleibt rätselhaft. Im Innern wurden drei große steinerne Ruinen gefunden – eine Art Stonehenge aus behauenen Felsenbrocken –, doch niemand weiß, wer diese Monumente errichtete oder warum.

Woodlark war eine der letzten der großen Inseln der Welt, die von den Europäern kartiert wurden. Erst um das Jahr 1832 wurde sie zum ersten Mal gesichtet, als der ansonsten vergessene Kapitän Grimes des australischen Walfangschiffs *Woodlark* die Insel in seinem Logbuch vermerkte. Im Jahr 1895 wurde auf der Insel Gold gefunden (bis heute gibt es ein kleines Bergwerk), doch der folgenschwerste Einbruch der Außenwelt begann im Juni 1943, als die 112. Kavallerie-Einheit der US-Armee auf die Insel kam, um Landebahnen und Kasernen zu errichten. Sie brachte tonnenweise Material mit, das man auf der Insel noch nie gesehen hatte. Trotz dieser Störungen nehmen die Bewohner von Woodlark bis heute am berühmten Kula-Ring teil und unternehmen weite Kanufahrten zu anderen Inselgruppen, um Muschelschmuck zu tauschen.

Wir befanden uns noch immer auf See. Zwischen dem Boot und unserem Ankerplatz vor dem Dorf Guasopa lag eine schmale, gewundene Fahrrinne, die von scharfen Korallen gesäumt war. Die Sonne stand tief am Horizont, und selbst mit Sonnenbrille war im glitzernden Wasser kaum etwas zu erkennen. Also kletterte ich auf den Mast, um die Rinne zum Strand zu sichten. Das Wasser um das Boot schimmerte in tausend Blautönen, und dahinter lag die grüne Insel Woodlark. Die Gipfel waren unter Wolken verborgen, und so weit das Auge reichte, sah ich nichts als Wald. Welche Tiere mochten dort leben? Welche Geheimnisse erwarteten uns? So spät es war, ich brannte darauf, an Land zu gehen, sobald der Anker gesetzt war.

Endlich hatten wir das Riff durchquert und erreichten einen Flecken klaren, weißen Sandes vor dem Strand von Guasopa. Eine Felsnase schützte die Bucht vor dem Wind, und das Wasser war so klar und still, dass man meinen konnte, wir schwebten durch die Luft. Der vier Meter tief gelegene Meeresgrund war in allen Einzelheiten zu erkennen. Matt bellte der Mannschaft in seinem kapitänsmäßigsten Ton zu: »Anker werfen!« Doch statt eines Getrappels von Füßen, die eilig seinem Befehl folgten, war nur eine dünne, verträumte Frauenstimme zu hören, die antwortete: »Aber Matt, sieht es da drüben nicht viel schöner aus?«

Eine finstere Sturmwolke verdunkelte das Gesicht das Kapitäns. Vermutlich hatte er in seiner gesamten Kapitänslaufbahn noch nie eine derart dreiste Antwort auf einen Befehl erhalten. Ich beobachtete, wie er um Fassung rang und sich erinnern musste, dass seine Mannschaft nun aus seiner hübschen jungen Ehefrau bestand. Dann tat ich etwas, das ich besser bleiben gelassen hätte. Inzwischen war das Boot von Kanus umringt, in denen vor allem neugierige Kinder saßen, und ich witzelte: »Na ja, wenigstens wissen die Einheimischen, wer der Kapitän ist.«

Was folgte, war ein Ausbruch, wie ihn diese vulkanfreie Insel noch nie erlebt hatte. Es prasselte ein Gewitter von niederländischen Flüchen nieder, das es mit dem Feuerregen von Pompeji aufnehmen konnte und die Kinder in den Kanus in alle Himmelsrichtungen davonschießen ließ. Schließlich brüllte Matt wie ein angestochener Stier: »Mipi, jetzt wissen sie, wer hier das Sagen hat!« Die nachfolgende Stille wurde nur vom Anker zerrissen, der ins Wasser plumpste.

Wir ließen uns von einigen der Kanus an Land bringen und spürten wenige Minuten später den körnigen Sand von Wood-lark zwischen den Zehen. Das Dorf lag direkt hinter dem Strand, und es dauerte nicht lange, bis ich vor dem Oberhaupt des Ältestenrats stand und ihm unser Vorhaben erklärte. Er begrüßte uns begeistert und erlaubte uns, in seinem Dorf zu arbeiten. Dann erwähnte er, dass sich bereits eine andere Forschergruppe im Dorf aufhielt. In den vergangenen hundert Jahren hatten sich nur zwei Expeditionen von Biologen auf die abgelegene Insel verirrt. Es war schon ein ausgesprochen unglücklicher Zufall, dass ausgerechnet jetzt, wo wir kamen, eine weitere Expedition angekommen sein sollte, um den Kuskus der Insel zu erforschen.

Diese Nachricht dämpfte meinen Forscherstolz zwar ein wenig, doch die Anwesenheit der anderen Wissenschaftler sollte sich als große Hilfe erweisen, und ich sollte einige dauerhafte Freundschaften schließen. Chris Norris und seine studentischen Mitarbeiter von der Universität Oxford hatten ihre Expedition selbst geplant und finanziert. Sie wollten die Lebenswelt des Kuskus erforschen, während wir vor allem an seiner evolutionären Entwicklung interessiert waren.

Da wir vor allem nachts arbeiteten und die *Sunbird* schon bald wieder den Anker lichten sollte, um weitere Expeditionsteilnehmer abzuholen, benötigten wir eine Basis auf der Insel. Das Oberhaupt des Ältestenrats stellte uns ein leerstehendes Geschäft als Unterkunft und improvisiertes Labor zur Verfügung. Der Betonfußboden war zwar unbequem, und der Raum surrte nur so vor Mücken, aber immerhin ließ sich der Laden abschließen. Das war nicht ganz unwichtig, wenn wir unseren Stickstoffkühlschrank und das Formaldehyd vor neugierigen Kinderhänden schützen wollten.

Bei einem Rundgang stellten wir fest, dass das Dorf Guasopa auf den Überresten eines amerikanischen Armeestützpunkts errichtet worden war. Die Kaserne war zwar nur wenige Monate lang genutzt worden, da sich der Kriegsschauplatz Ende 1943 weiter nach Westen verlagerte. Doch die Einheimischen erinnerten sich noch gut daran, vor allem daran, dass es schwarze und weiße Soldaten gegeben hatte, die auf unterschiedlichen Friedhöfen beigesetzt wurden. Der Urwald hatte die alten Anlagen weitgehend überwuchert, aber Teile der mit Korallen gepflasterten Landebahn hatten überdauert, und auf ihr hatten viele Dorfbewohner ihre Hütten errichtet.

Ich war überrascht, wie trocken der Boden in der Umgebung von Guasopa war. Die Sonne schien durch das spärliche Laubdach der Bäume hindurch, und das wenige Regenwasser versickerte schnell im Kalkuntergrund. Die Bäume hatten ihr Laub weitgehend abgeworfen, und unter unseren Füßen knackten trockene Blätter und Zweige. Das war nicht die beste Voraussetzung, um scheue Tiere wie Possums und Fledermäuse aufzuspüren. Später erfuhren wir, dass unser Besuch mit einer schweren Dürre zusammenfiel, die vom Klimaphänomen El Niño verursacht wurde und den gesamten Osten Neuguineas im Griff hatte.

Der Zweck unserer Reise bestand darin, sämtliche Säugetiere der Insel zu erfassen. Das bedeutete, Kastenfallen für Ratten aufzustellen, mit Taschenlampen auf die Suche nach Kuskus und anderen Tieren zu gehen und so viele Höhlen wie möglich nach Fledermäusen abzusuchen. Nachdem wir unsere Gerätschaften an Land gebracht und mit unserer Arbeit begonnen hatten, schickten wir die *Sunbird* zur Insel Kiriwina, wo sie den Schlangenexperten Gred Mengden und den Biologen Lester Seri aufnehmen sollte. Die beiden waren per Flugzeug aus Australien gekommen und sollten unser Team verstärken. Ich hatte Greg versprochen, in seiner Abwesenheit auf die Schlangen aufzupassen, die Einheimische uns brachten. Greg schärfte mir ein, dass die Tiere am Leben sein mussten, da er Gewebeproben entnehmen wollte.

Als ich dem Dorfoberhaupt diesen Teil unserer Mission erläuterte, machte er große Augen. Die Inselbewohner haben für gewöhnlich Angst vor Schlangen und machen einen weiten Bogen um sie. Doch die Kunde vom bevorstehenden Besuch dieses außergewöhnlichen Mannes, der Giftschlangen sammelte, machte so schnell die Runde wie die Nachricht von der Ankunft eines Wanderzirkus. Noch am selben Nachmittag trafen, verschnürt oder in Säcken und Kisten, die ersten Schlangen ein. Der Strom wollte gar nicht mehr abreißen, und schon bald verwandelte sich unsere Hütte in eine wahre Schlangengrube, überall standen Säcke herum, in denen sich die verständlicherweise erbosten Reptilien wanden. Ich vermutete, dass die Kinder des Dorfes eine Art Wettbewerb veranstalteten, um zu sehen, wer dem gefürchteten Dr. Mengden die größten und gefährlichsten Exemplare bringen konnte. Die Ankunft jeder Schlange und meine ungeschickten Versuche, diese in einem Sack zu verstauen, waren ein Fest für die Kinder und wurde von der immer gleichen Frage begleitet: »Wann kommt Dr. Greg?«

Da ich keine Ahnung von melanesischen Schlangen hatte und nicht wusste, welche giftig waren und welche nicht, bereute ich es schon bald, Greg meine Hilfe angeboten zu haben. Eines Nachmittags traf eine besonders große und übellaunige Schlange ein, im Gefolge das halbe Dorf. Das bösartig aussehende Tier war fast drei Meter lang, und sein olivbrauner, kräftiger Körper endete in einem riesigen Kopf. Seine Häscher hatten es mit einem Strick an einen Stock gefesselt, und als ich es losband, bekam ich seine unbändigen Kräfte zu spüren. Ich nahm den größten Sack, den ich finden konnte, löste die letzten Fesseln an seinem Kopf, warf die sich windende Bestie hinein und band den Sack schnell zu. Dann hängte ich sie zu den anderen an einen der Dachbalken unserer Hütte, doch der Sack war so lang, dass das Vieh nur wenige Zentimeter über unseren Köpfen tobte und zischte, während wir schliefen.

Trotz dieser Unannehmlichkeiten hatten wir bald eine Routine entwickelt. Tagsüber stellten wir unsere Rattenfallen und Fledermausnetze auf (die gewisse Ähnlichkeit mit feinen Fischernetzen haben und auf Pfählen aufgehängt werden), beobachteten diese nachts, während wir nach anderen Tieren Ausschau hielten. Es war eine anstrengende Arbeit, aber da wir nur wenig Zeit zur Verfügung hatten, mussten wir die Nächte so gut wie möglich nutzen. Außerdem mussten wir die Höhlen besuchen, in denen die Fledermäuse nisteten. Bei unserer Ankunft hatte ich dies dem Oberhaupt des Ältestenrats erklärt und ihn gebeten, mir bei der Suche zu helfen. Er schien überrascht und erfreut. In den ersten Tagen hatte ich zu viel um die Ohren, um mich um die Höhlen zu kümmern. Umso erfreuter war ich, als er eines Morgens vor unserer Hütte stand und besorgt nachfragte, wann wir denn nun die Höhlen besuchen wollten. Ich antwortete, wenn es ihm nicht ungelegen sei, könnten wir am nächsten Morgen einen Ausflug unternehmen.

Ich erwartete einen langen Marsch, doch zu meiner Überraschung fuhr im Morgengrauen ein Pick-up vor – einer der wenigen, die es auf der Insel gab. Darin saß das Dorfoberhaupt mit seiner Frau, und schon bald schaukelten wir in Richtung der Kreidefelsen im Innern der Insel. Während wir über den Feldweg holperten, vertraute mir der Dorfälteste in geheimnisvollem Ton an, dass in den Höhlen Schätze in Form von Muschelschmuck lägen. Eine Form des Kula-Schmucks wird aus Perlmutt, geschnitzten Nüssen und Perlen hergestellt. Dieser wird im Uhrzeigersinn und in prunkvollen Kanus auf den achtzehn Inseln des

Kula-Rings ausgetauscht. Eine zweite Form des Schmucks, nämlich Muschelarmbänder, wird entgegen dem Uhrzeigersinn getauscht. Die Hüter dieser Schätze genießen großes Ansehen. Trotzdem behält niemand den Schmuck für lange Zeit, denn mehr als um den Besitz geht es um das Verhältnis zwischen den Tauschenden. Eine Kula-Partnerschaft hat gewisse Ähnlichkeit mit einer Ehe und geht mit lebenslangen Banden und Verpflichtungen einher. Die angesehensten Kula-Schätze haben eigene Namen und Geschichten. Bedeutende Anführer haben Hunderte Kula-Partner, und auch der kurzfristige Besitz der Schätze verleiht großen Status.

Der Dorfälteste flüsterte so leise, dass ich ihn über dem Lärm des Motors kaum hören konnte. Ob es mir etwas ausmachen würde, Kula mitzubringen, wenn ich denn zufällig in einer Höhle darüber stolpern sollte, fragte er mich. Beiläufig streute er ein, dass die Höhlen seit undenklichen Zeiten als Friedhof genutzt und von Geistern heimgesucht wurden. Und wenn ich Kula finden sollte, dann sollte ich es auf keinen Fall ihm und seiner Frau direkt aushändigen. Ich sollte mich mit den Gegenständen in der Hand auf die Ladefläche des Pick-up setzen und sie nach unserer Ankunft in Guasopa vor seiner Hütte abstellen. Wenn es am folgenden Morgen noch da sein sollte, dann sei das ein Zeichen, dass die Ahnen es ihm schenken wollten und er ein reicher Mann sein würde. Diese geheimnisvollen Anweisungen warfen mehr Fragen auf, als sie beantworteten. Immerhin wusste ich nun, dass die Höhle von den *masolai*, wie die Geister in Melanesien heißen, bewacht wurden. Aber ich hatte den Verdacht, dass mich der Dorfälteste über die Natur unseres Ausflugs weitgehend im Dunkeln gelassen hatte.

Der Wagen hielt an einem von Urwaldpflanzen überwucherten Kreidefelsen. Die Bäume waren riesig und von Schlingpflanzen bewachsen, im unberührten Wald schrien Vögel und zirpten Insekten. Offensichtlich mieden die Dorfbewohner den Ort. Ich stieg aus, ging einige Schritte weit in den Wald hinein und sah mich dann nach dem Dorfältesten um. Ich hatte erwartet, dass er vorangehen und mir den Weg zeigen würde, aber er saß nach wie vor hinter dem Steuer und wagte es kaum, aus dem Fenster zu sehen, geschweige denn auszusteigen. Als er meine Verwirrung bemerkte, zeigte er in Richtung Westen und rief mir aufgeregt zu, ich solle immer geradeaus gehen, dann werde ich die Höhlen schon erreichen. Also machte ich mich in meiner neuen Rolle als Ahnenflüsterer auf den Weg.

Es gehört nicht viel dazu, sich in Gelände wie diesem zu verirren. Die Kreidefelsen bilden ein Labyrinth, und das Unterholz ist so dicht, dass man rasch die Orientierung verliert. Nachdem ich einige Stunden lang fluchend durch den Busch geirrt und nur mit Not einigen überwucherten Felsspalten entkommen war, kam ich schließlich an etwas, das gewisse Ähnlichkeit mit einer Höhle hatte. Leider war sie eingestürzt, doch einige Knochen und Tonscherben ließen mich vermuten, dass es sich um eine Begräbnishöhle handelte. Leider waren weit und breit weder Fledermäuse noch Kula zu sehen.

Als ich schweißüberströmt und nach Insekten und Ranken schlagend zum Wagen zurückstolperte, blickten mir der Dorfälteste und seine Frau entsetzt entgegen. Zunächst dachte ich, es läge an meinem ungekämmten Äußeren, dann dämmerte mir der Grund für ihre Furcht. Sie dachten vermutlich, ein *masolai* habe mir als Strafe für meine dreiste Störung den Verstand geraubt. Also stellte ich mich verrückt und rannte wie ein Besessener in Bocksprüngen auf den Wagen zu. Einen Moment lang fürchtete ich, dem Dorfältesten und seiner Frau könnte beim Anblick des verhexten *dim dim* (weißen Mannes) vor Schreck das Herz stehenbleiben, so entsetzt sahen sie mich an. Ich bedauerte meinen Streich und konnte sie überzeugen, dass ich weder Kula noch

Geister gesehen hatte. Sie wirkten erleichtert, wenn auch ein wenig enttäuscht.

Nach diesem Ausflug war ich erledigt. Nachdem wir die Fallen und Netze überprüft hatten, rollte ich mich gegen Mitternacht endlich in meinen Schlafsack. In den frühen Morgenstunden riss mich ein furchtbares Getöse aus dem Tiefschlaf. Dosen, Tassen und Teller flogen durch den Raum, Menschen schrien, und über meinem Kopf peitschte ein langes Ding hin und her. Einen Augenblick lang fürchtete ich, ein *masolai* könnte mir von der Höhle ins Dorf gefolgt sein. Im Schein einer Taschenlampe sah ich, dass der Aufruhr von einer kräftigen und ziemlich zornigen Schlange verursacht wurde, die etwa anderthalb Meter weit aus einem Sack herausragte. Sie hatte ein Loch in eine Ecke des Sacks gerissen und versuchte nun unter großen Anstrengungen, sich vollends zu befreien. Lediglich eine katzen- oder kuskusgroße Schwellung in ihrem Leib hinderte sie daran, dem Sack zu entkommen.

Ich legte mich so flach wie möglich auf den Boden und tastete nach einem Gegenstand, mit dem ich sie wieder einfangen konnte. Das Einzige, was mir in die Finger kam, war ein Gummiriemen. Bis dahin war es mir gelungen, außer Reichweite des sich windenden Tiers zu bleiben, doch nun drehte es seinen riesigen Kopf in meine Richtung und blickte mich mit zornigen Augen an. Bis heute weiß ich nicht so genau, wie es mir gelang, den Kopf mit dem Riemen gegen die Wand zu drücken und so lange in Schach zu halten, bis Tish einen neuen Sack gefunden hatte, der groß genug war, um das Tier hineinzustecken. Diesen stülpte ich über den alten Sack und das zappelnde Tier, fluchte dabei laut auf den abwesenden Dr. Mengden und seine beinlosen Forschungsobjekte und hoffte, dass er nicht mehr lange auf sich warten lassen würde.

Der Schlangenexperte traf schließlich am darauffolgenden Abend ein. Greg war früher ein olympischer Freistilringer gewesen. Mit seinem schwarzen Bart und seinen Muskelpaketen hätte er einem Angst machen können, wenn da nicht sein freundliches Lächeln gewesen wäre. Aber als ich ihn an diesem Abend begrüßte, lächelte er nicht. Wie ich bald erfahren sollte, hatte Gregs Ausflug auf die Liebesinsel keinen allzu glücklichen Verlauf genommen.

2

DIE ANKUNFT DES SCHLANGENBÄNDIGERS

Ich hatte gehofft, einen Abstecher nach Kiriwana zu machen, aber wir hatten einfach zu viel Arbeit auf Woodlark. Also bat ich Lester Seri, dort zu sammeln und vor allem nach einem großen Nasenbeutler Ausschau zu halten, der dort möglicherweise noch lebte. Auf meinen Streifzügen durch die Sammlungen von Museen hatte ich einen Hinweis auf ihn gefunden, und zwar in Form eines ausgestopften Exemplars, das angeblich vierzig Jahre zuvor auf Kiriwana erlegt worden war. Nasenbeutler sind ungefähr so groß wie Kaninchen, leben auf dem Boden und ernähren sich von Insekten, Würmern und Früchten. Im Tiefland von Neuguinea kommen vor allem stachelige Nasenbeutler der Gattung *Echymipera* vor. Nasenbeutler haben von allen Säugetieren die kürzeste Tragzeit, bei einige Arten dauert sie ganze elf Tage. Weibchen sind schon gebärfähig, wenn sie noch von ihrer Mutter gesäugt werden. Dieser raschen Fortpflanzung verdankt die Art ihr Überleben: In vielen Dörfern stellen sie eine wichtige Nahrungsquelle dar, und wenn sich die Tiere nicht so rasch vermehren würden, hätten die Jäger sie längst ausgerottet.

Die Nasenbeutler von Kiriwana unterschieden sich von allen anderen Arten, die ich gesehen hatte. Sie waren größer, hatten dunkelbraunes Fell und kräftige vordere Backenzähne, mit denen sie sogar Nüsse knacken konnten. Bei dem Exemplar handelte es sich offenbar um den Vertreter einer unbekannten Art, der von Ellis Le Geyt Troughton, meinem Vorvorgänger in der Säugetierabteilung des Australischen Museums, in die Sammlung aufgenommen worden war. Aber warum hatte er das Tier nicht beschrieben und ihm einen wissenschaftlichen Namen gegeben?, fragte ich mich. Auf der Suche nach dem Nasenbeutler sollte ich mindestens so viel über die Geschichte des Museums lernen wie über die Artenvielfalt von Inseln.

❋

Aus den Archiven des Australischen Museums ging hervor, dass Ellis Troughton sein gesamtes Arbeitsleben an der Einrichtung verbracht hatte. Im Jahr 1908 hatte er im Alter von 15 Jahren dort mit der ersten Generation der Museumskadetten angefangen. Diese Stelle gibt es längst nicht mehr, doch bei Nachfragen unter älteren Kollegen erfuhr ich, dass es sich um eine Art Lehre gehandelt hatte. Diese revolutionäre Idee war offenbar auf den damaligen Direktor Robert Etheridge jr. zurückgegangen, der das Museum von 1895 bis 1919 geleitet hatte. Der Aufsichtsrat hatte vermutlich zugestimmt, weil die Kadetten billige Arbeitskräfte waren und mit 26 Pfund Sterling im Jahr die Hälfte von dem bekamen, was sie einem durchschnittlichen Mitarbeiter bezahlten mussten. Es könnte jedoch auch noch andere Gründe gegeben haben, warum das Museum Lehrlinge beschäftigte, und vor allem, warum Troughton zur ersten Generation gehörte.

John Calaby, einer der bedeutendsten Säugetierforscher und ein Büchernarr, stieß in einem Antiquariat in Sydney auf einen interessanten Hinweis. In den Regalen entdeckte er ein Kinderbuch mit dem Titel *The Dumpy Book of Animals* mit der Widmung »Für Ellie, zum neunten Geburtstag, in Liebe von seinem Vater«. John erkannte die Handschrift von Robert Etheridge jr., und nachdem er auf alten Fotos eine erstaunliche Ähnlichkeit zwischen Etheridge und Troughton festgestellt hatte, kam er zu dem Schluss, dass Troughton der uneheliche Sohn des

Direktors und der Reinemachefrau des Museums gewesen sein musste.

Troughton fing ganz unten in der Hierarchie des Museums an und stieg bald zum begehrten Posten des Kurators der Säugetierabteilung auf, den er bis 1957 innehatte. Sein Meisterwerk, *The Furred Animals of Australia*, erschien 1941 und blieb jahrzehntelang das Standardwerk zu den Säugetieren Australiens. Unter seinen Kollegen genoss er derart großes Ansehen, dass ihn die Australische Säugetiergesellschaft zum ersten Ehrenmitglied auf Lebenszeiten ernannte und ihre höchste Auszeichnung, die Troughton-Medaille, nach ihm benannte. Zwischen den zwanziger und vierziger Jahren unternahm Troughtie, wie er weithin genannt wurde, einige heldenhafte Expeditionen zu den Pazifikinseln. Im Jahr 1944 brachte er den Nasenbeutler mit, der mich so faszinierte. Damals war er in die Typhus-Kommission der amerikanischen Armee berufen worden, die ermitteln sollte, warum so viele GIs an dieser Krankheit starben. Man nahm an, dass Ratten und Beuteltiere die Krankheit übertrugen, was erklärt, warum Troughton als führender Säugetierexperte an der Untersuchung teilnahm.

Vielleicht waren es seine Pflichten an der Heimatfront, etwa seine Aufgaben als Leiter der Luftschutzabteilung des Museums, die ihn daran hinderten, den sonderbaren Nasenbeutler näher in Augenschein zu nehmen. Was auch immer der Grund gewesen sein mag, als ich am Museum anfing, hatten die Überreste dieser offenkundig neuen Art vierzig Jahre lang vergessen in einer Kiste gelegen. Niemand hatte je einen Bericht über sie geschrieben, und eine meiner ersten Aufgaben bestand darin, das Tier zu taufen. Ich nannte es *Echymipera davidi*, nach meinem neugeborenen Sohn David.

Obwohl ich Troughtie nie persönlich begegnet bin, war seine Präsenz überall spürbar. An meinem ersten Arbeitstag im Museum saß ich an seinem alten Schreibtisch und entdeckte schwache Kritzeleien, die der junge Ellie in einem Moment der Langeweile in den Tisch geritzt haben mochte. Nachdem er sein ganzes Arbeitsleben lang an diesem Tisch gesessen hatte, war dieser vermutlich von dessen DNA bedeckt. In der Museumsbibliothek standen seine Bücher und in der Sammlung seine Tiere. Da mich der Mann neugierig machte, fragte ich ältere Kollegen, die noch mit ihm gearbeitet hatten, nach ihm aus. Ich fand heraus, dass Troughtie nie geheiratet hatte; Kollegen bezeichneten ihn als »eingefleischten Junggesellen«. Ein Kollege, der ihn einmal zu Hause besucht hatte, erinnerte sich daran, dass in seiner Privatbibliothek so gut wie keine wissenschaftlichen Bücher standen, sondern vor allem Bücher über das Theater. Gelegentlich scheint seine Liebe zu den Musen auch in seinen wissenschaftlichen Arbeiten durch, etwa wenn er beschreibt, wie er in einer Kirche in Sydney Fledermäuse fing und der Pfarrer dazu auf der Orgel einen Totentanz spielte, um die Tiere aufzuscheuchen.

Wie alle Einrichtungen sind auch Museen eine Fundgrube von Anekdoten. Einer seiner Freunde erinnerte sich, dass Troughtie gern in den Digger's Club im Stadtteil Bondi ging, ein Bier trank und den improvisierten Auftritten der Kompanie zusah, die gerade frisch aus dem Krieg zurückgekommen war. Das Gebäude war ein Wellblechschuppen mit Tischen, Bänken und einer Bühne. Nachdem die Männer ein paar Biere intus hatten, holte jemand eine Hawaii-Gitarre hervor, der Vorhang öffnete sich, und ein paar nicht mehr ganz durchtrainierte Digger hopsten über die Bühne, mit Schilfröckchen bekleidet und halben Kokusnüssen als Brüsten. Auf dem Höhepunkt der Ekstase lupften die Tänzer ihre Röckchen. Außerdem frequentierte er den Club seiner Rugbymannschaft und gab den Spielern Biere aus, bis sie ihn hochhoben, in die Luft warfen und wieder auffingen. Dann war Troughtie im Glück.

Troughton blieb dem Museum sein ganzes Leben lang treu. In einer vergessenen Ecke des weitläufigen Gebäudes wurde ein Zimmer für Ehemalige eingerichtet, in denen alte Kuratoren ihre Schreibtische hatten, und hier zog Troughton nach seiner Pensionierung im Jahr 1958 ein. Solange es seine Gesundheit zuließ, kam er jeden Tag ins Museum, und zwar mit derselben Pünktlichkeit, mit der er als Angestellter zum Dienst erschienen war. Einer meiner Kollegen hatte ihn einmal dort besucht. Damals war Troughtie bereits ein gebrechlicher alter Herr und saß etwas verkrümmt hinter seinem Schreibtisch. Mein Kollege sah, dass die sonderbare Sitzhaltung einem großen Pappkarton geschuldet war, der zwischen Stuhl und Tisch auf dem Boden stand. Der Karton war voller alter Schuhe – vielleicht sämtliche Schuhe, die der alte Kurator je getragen hatte. Nach einem Leben im Museum kann die Sammelleidenschaft recht schräge Formen annehmen.

❋

Lester schaffte es tatsächlich, auf Kiriwina ein Exemplar des Nasenbeutlers zu fangen und damit zu beweisen, dass diese Art auf der dicht besiedelten Insel noch vorkam. Die DNA-Probe, die er entnahm, half uns, die Evolution der Art zu rekonstruieren. Aber nicht alle Expeditionsteilnehmer auf Kiriwina hatten solches Glück. Nach der Ankunft der beiden auf Woodlark erzählte mir Lester eine tragische Geschichte. Greg Mengden hatte frustrierende Tage auf der Insel verbracht, ohne auch nur eine einzige interessante Schlange zu Gesicht zu bekommen. Kurz bevor die *Sunbird* zur Fahrt nach Woodlark ablegen sollte, brachte ihm ein Dorfbewohner eine kleine Schlange. Lester konnte nichts Interessantes an dem Reptil finden und meinte, es habe ausgesehen wie ein dicker Schnürsenkel, aber als Greg die Schlange sah, habe er sich vor Begeisterung schier überschlagen. Es sei eine *Toxicocala-*

mus, rief er aus, eine weitgehend unerforschte Art, die bis dahin noch nicht auf Kiriwina nachgewiesen worden war. Die unerwartete Gelegenheit, ein derart seltenes Tier zu fotografieren und zu untersuchen, konnte für Greg der Höhepunkt der Expedition sein.

Da die *Sunbird* in der Lagune vor Anker lag und mit der Flut auslaufen musste, durfte er keine Zeit verlieren. Also marschierte Greg zum Rand des Dorfs, legte das Reptil unter einer Kokospalme in den Sand und begann, Fotos zu schießen. Leider setzte sich dauernd eine lästige Fliege auf die Nase der Schlange, und aus einer Fliege wurden bald mehrere. Greg konnte sich gar nicht erklären, warum die Fliegen so hartnäckig waren, bis er die Hand von der Kamera nahm und einen braunen Streifen an seinen Fingern entdeckte. Ein Blick auf die Kamera bestätigte, dass das gesamte Äußere der Linse ebenfalls mit dem Zeug vollgeschmiert war, und er musste nur kurz schnüffeln, um zu wissen, worum es sich handelte.

Aus unerfindlichen Gründen waren Hände, Kamera und die seltene Schlange mit Fäkalien beschmutzt, und nun schwirrten die Fliegen in dichten Wolken um ihn herum. Er fragte sich, welche Krankheiten er sich wohl gerade eingefangen haben könnte, doch da er sich die großartige Gelegenheit nicht entgegen lassen wollte, dieses seltene Tier zu fotografieren, wusch er sich die Hände und nahm sich sogar die Zeit, die Kamera und die Schlange abzuwischen. Doch die Wolke der Fliegen wurde immer dichter, und nun bemerkte er auch, dass der Geruch immer penetranter wurde. In seinem Eifer hatte Greg die Latrine der Kinder als Setting seiner Fotosession gewählt. Gequält vom Gestank und den surrenden Fliegen resignierte er schließlich. Er richtete sich auf und wollte sich schon von den versammelten Dorfbewohnern verabschieden, als ein Junge mit einer Kokosnussschale in der Hand auf ihn zutrat und mit ernster Miene sagte: »Entschuldigen

Sie, Masta, da ist Exkrement.«»Exkrement?«, dachte Greg und wunderte sich schon über das unerwartet hohe Bildungsniveau der Grundschulkinder der Insel. Dann bat ihn der Junge, sich vorzubeugen. Vor der Menge, die sich inzwischen vor Lachen bog, nahm er die Schale und kratzte Greg einen dicken Klumpen vom Hosenboden. Der Haufen hatte ein Kind reichlich Mühe gekostet, und Greg musste sich bei seinen ersten Fotos mitten hineingesetzt haben. Treffsicher hatte er sich dann mit der Hand in einem anderen Häufchen abgestützt und dieses dann auf seiner Kamera verteilt.

Verzweiflung packte den furchtlosen Schlangenbändiger. Er verspürte das dringende Bedürfnis, sich seine Kleider vom Leib zu reißen und von der Insel zu verschwinden. Mit Riesenschritten stürmte er auf den Strand, winkte panisch ein paar Jungen zu, die neben einem Kanu saßen, und bat sie, ihn hinaus zur *Sunbird* zu rudern, die hundert Meter vom Strand entfernt in der Lagune vor Anker lag. Mit seinen 110 Kilogramm thronte Greg auf dem schmalen *lakatoi* wie ein Zirkuselefant auf einem Schemelchen. Kaum hatten sie den Strand hinter sich gelassen, passierte das Unvermeidliche. Greg verlagerte sein Gewicht, woraufhin sich der Ausleger der Kanus aus dem Wasser hob und einen majestätischen Bogen beschrieb. Greg wurde ins Wasser gekippt. Verzweifelt hielt er mit der einen Hand Kamera und Schlange in die Luft, und mit der anderen winkte er panisch Kapitän Matt um Hilfe.

Matt machte sich erbarmungslos über Greg lustig. Aber in frischen Kleidern und mit einem kalten Bier in der Hand konnte selbst Greg über sein Abenteuer lachen. Schließlich befand er sich an Bord eines Katamarans in einer tropischen Lagune und glitt über das warme Meer in den Sonnenuntergang. Und die Schlange konnte er ja auf Woodlark immer noch fotografieren. Das Leben meinte es wieder gut mit ihm. Doch plötzlich machte sich mit einem leichten Anschwellen des Meers die Salomonsee bemerkbar. Die *Sunbird* hatte das schützende Riff verlassen. Mit einem Mal schmeckte das Bier nicht mehr so gut, und der Fäkaliengeruch schien wieder stärker zu werden. Und plötzlich, so Lester, wurde unser Schlangenbändiger grün im Gesicht. Greg war noch nie mit einem Segelboot unterwegs gewesen und wusste nicht, dass er mindestens ebenso empfänglich für die Seekrankheit war wie Des Bechey. Die kommenden 24 Stunden waren eine einzige Tortur für den Ärmsten, der nur von seiner Koje aufstand, um zur Schiffstoilette zu sprinten.

Trotz der Qualen, die er auf der bewegten See erlitten hatte, machte er sich gleich nach der Ankunft auf Woodlark an die Arbeit. Er hatte seinen eigenen zollfreien Schnaps dabei – einen Liter Jim Beam – und das war sein Trost, als er den gut hundert eingetüteten Schlangen gegenübertrat, die ihn erwarteten. Als er sich in einem Sonnenstuhl vor unsere Hütte setzte, schienen sich alle zweitausend Inselbewohner vor ihm versammelt zu haben. Die Show sollte beginnen, und der *masta bilong snek* sollte sein Publikum nicht enttäuschen.

Nach Sonnenuntergang stand im Schein einer Kerosinlampe ein Hüne, das Gesicht über dem dichten Bart noch ein wenig grün. Zu seiner Linken lag ein Berg von Säcken, zu seiner Rechten eine Flasche Jim Beam sowie Spritzbestecke, Nadeln und Röhrchen. Nach einigen kräftigen Schlucken aus der Flasche wandte sich Greg den Schlangen zu. Das Publikum hielt den Atem an, als er den ersten Sack öffnete, eine Schlange herausnahm und ihr ein Mittel zur Anregung der Zellteilung spritzte, um später Gewebeproben zu entnehmen. Einen Moment lang wand sich die Schlange wild in seiner Hand, woraufhin einige junge Frauen in der ersten Reihe aufsprangen und kreischend davonliefen. Die Zuschauer stöhnten auf wie ein Mann, als Greg das Tier einfach auf den Boden vor sich legte. Er musste nach der Injektion etwa eine Stunde warten, um die Probe entnehmen zu können. Wenn das Tier versuchte, in Richtung des Publikums davonzukriechen, zog er es einfach lässig am Schwanz zurück.

Ich hatte es eilig, das Reptil loszuwerden, das mich im Schlaf gestört hatte, und stellte Greg das Monster vor. Greg meinte, es handele sich um eine braune Baumschlange. Ich kannte die Art aus Australien, aber dort waren die Schlangen in der Regel leuchtend braun-weiß gestreift und deutlich kleiner. Die braunen Baumschlangen von Woodlark seien wegen ihrer gigantischen Größe und ihrer olivbraunen Färbung ungewöhnlich, erklärte Greg. Sie gehörten zur Familie der *Colubridae* – es handelt sich um Giftschlangen, die ihre Giftzähne weit hinten im Maul haben, für ihre schlechte Laune bekannt sind und gern beißen. Eine große Colubrida kann ihr Maul weit genug aufsperren, um einen Menschen in die Hand zu beißen, und ihr Biss kann tödliche Folgen haben. Es war die einzige Schlange, die Greg nach der Injektion wieder in den Sack zurücksteckte.

Die Menge sah fasziniert zu, wie sich die Whiskeyflasche leerte und der Schlangenberg wuchs. Die Spannung war mit Händen zu greifen. Jeder Fluchtversuch wurde mit Schreckensgeheul begrüßt, die Menge kreischte und lachte hysterisch, wenn ein Tier auf eine Gruppe von Zuschauern zukroch und diese auseinanderstoben. Doch wenn Greg das Tier wieder einfing, kamen sie sofort zurück, um nichts zu verpassen. Dann kam das große Finale, als Greg Blut- und Giftproben entnahm. Er suchte eine Ader, setzte die Nadel an, entnahm eine kleine Menge hellrotes Blut und spritzte es in ein Plastikröhrchen. Um das Gift zu entnehmen, ließ er die Schlange in ein Schälchen beißen. Dann warf er Röhrchen und Schälchen in einen Zylinder mit Flüssigstickstoff. Es war wie eine Zaubervorführung, die Proben verschwanden unter ominösem Zischen in einem weißen Dampfwölkchen. Die wunderbare Darbietung von Magie und Heldenmut war viel

zu schnell zu Ende. Als die Whiskeyflasche leer und die Schlan-
genbrut wieder sicher in den Säcken war, um am nächsten Morgen ausgesetzt oder nach Australien verfrachtet zu werden, stand
Greg auf und verschwand in der Hütte.

Nach der Rückkehr der *Sunbird* von Kiriwina stellte Matt
fest, dass mit dem Außenbordmotor etwas nicht in Ordnung
war. Er kam zu dem Schluss, dass das Problem die Schraube war,
die das Benzingemisch regulierte, und machte sich daran, sie zu
justieren. Lester wollte die Gelegenheit nutzen, sich ein wenig
beim Kapitän beliebt zu machen, und bot seine Hilfe an. Matt
hielt sich jedoch für einen Spitzenmechaniker – was er früher
vielleicht tatsächlich gewesen sein mochte – und lehnte das Angebot brüsk ab. Die Schwierigkeit bestand darin, dass die Schraube
eine Feder zusammendrückte, und wenn sie zu weit herausge-
dreht wurde, dann sprang sie heraus. Während das Boot auf den
Wellen schaukelte, kämpfte Matt mit der Schraube. Der Schweiß
stand ihm auf der Stirn, seine Brille beschlug, und er konnte
kaum etwas sehen. Doch der Stolz verbot ihm, das Angebot von
Lester anzunehmen, der die ganze Zeit in der Nähe herumlun-
gerte, um Matt beispringen zu können, falls er die Hilfe eines
jüngeren Augenpaars benötigte.

An dem immer lauter werdenden Strom niederländischer Flü-
che, der über das Wasser herüberschallte, konnte ich Matts Stim-
mung ablesen. Aber erst der Anblick von Lesters Schuhen und
Kleidern, die sich auf der Klinge seiner Machete schwebend durch
das Wasser in Richtung Strand bewegten, warnte mich vor der
bevorstehenden Explosion. Dann passierte das Unvermeidliche:
Matt machte eine halbe Drehung zu viel, die Schraube hüpfte zusammen mit der Feder heraus und versank in den Fluten. Lester
berichtete mir später, die Schraube sei bereits zweimal herausge-
sprungen, aber durch glückliche Umstände jedes Mal im Boot gelandet. Weil er sich nicht von Kapitän Jumelett kielholen lassen

wollte, weil er ihn bei seinem Scheitern beobachtet hatte, hatte Lester schließlich still die Kleider und Schuhe abgelegt, sie auf die Klingenspitze seiner Machete gesteckt und war damit zum rettenden Strand geschwommen.

❋

Trotz dieser Ablenkungen setzten wir unsere Arbeit fort. Unter anderem wollten wir mehr über den sonderbaren Kuskus in Erfahrung bringen, den Albert Meek neunzig Jahre zuvor entdeckt hatte. Er kommt nur auf Woodlark vor und wird von den Einheimischen *quadoi* genannt. Er ist etwa so groß wie eine Hauskatze und ist eines der seltsamsten Beuteltiere, die ich je gesehen habe. Das Fell der *quadoi* aus den undurchdringlichen Urwäldern des Ostens ist schwarz und erinnert mit seinen kleinen weißen Punkten an das eines Beutelmarders. Aber die *quadoi* aus den trockeneren Regionen haben ein unregelmäßig geschecktes Fell mit großen weißen, hell- und dunkelbraunen Flecken und erinnern ein bisschen an eine bunte Hauskatze.

Nur der Tüpfelkuskus des Tieflands von Neuguinea hat ein ähnlich buntes Fell wie der *quadoi*. Doch dessen Fell ist regelmäßiger gefleckt und Männchen und Weibchen sind unterschiedlich gefärbt. Im Unterschied zu anderen Kuskus sind die Weibchen beim Tüpfelkuskus und dem *quadoi* größer als die Männchen. Die Rekonstruktion des Stammbaums des Kuskusfamilie erwies sich als erstaunlich schwierig. Heute geht man davon aus, dass der *quadoi* ein entfernter Verwandter des Tüpfelkuskus ist, dessen Vorfahren vor mehr als einer Million Jahren auf Woodlark von der Außenwelt abgeschnitten wurden. Die Kuskus sind erfahrene Inselbesiedler und haben sich, von Neuguinea her kommend, weiter ausgebreitet als jedes andere Beuteltier. Im Westen sind sie bis nach Sulawesi vorgedrungen und im Osten bis auf die

Salomonen. Ich stelle mir vor, wie die Urahnen der *quadoi* auf einem Pflanzenfloß auf die Insel Woodlark trieben, die damals noch näher am Festland lag.

Die spärliche Erwähnung des *quadoi* ließ mich vermuten, dass es sich um eine seltene Art handelte, doch es stellte sich heraus, dass er in der Umgebung von Guasopa sehr häufig vorkam. Wir fanden ihn sogar in Bäumen in der Nähe der Häuser und in Gärten. Frühere Zoologen hatten vor allem den feuchten und dichtbewaldeten Süden und Westen der Insel erforscht, und dort ist er in der Tat selten. Das sowie das Fehlen von Arten, die auf Feuchtgebiete spezialisiert sind, und das Vorkommen von Rattenarten, die trockene Lebensräume bevorzugen, ließ den Schluss zu, dass Woodlark früher trocken gewesen sein oder zumindest lange Trockenzeiten gehabt haben musste. Heute befindet sich die Insel in einer Region mit einer ausgeprägten Regenzeit, doch zuvor lag es möglicherweise in Breiten mit langen Trockenperioden und Dürren.

Während das Team aus Oxford den Lebensraum des *quadoi* erforschte, nahmen wir DNA- und andere Proben, die wir zu einer Rekonstruktion der Entwicklungsgeschichte benötigten, und konzentrierten uns dann auf andere Säugetiere. Während wir noch überlegten, wo wir unsere Fallen als Nächstes aufstellen wollten, kam ein prächtiges Kula-Kanu in die Bucht gerudert und wurde direkt vor dem Dorf an Land gezogen. Es war von Alcester Island gekommen, einem Eiland, das eine Tagesreise südwestlich lag. Die Männer, die in dem Kanu angekommen waren, wirkten wie harte Seeleute, doch sie waren freundlich und fast ein wenig schüchtern. Sie erklärten, sie seien nach Woodlark gekommen, weil auf Alcester ein Junge von einem Baum gefallen war und sich den Arm gebrochen hatte. Die nächste Klinik befand sich in Guasopa. Während der Junge behandelt wurde, warteten sie im Dorf, und ich nutzte die Gelegenheit, sie zu fragen, welche Tiere auf ihrer Insel vorkamen. Sie berichteten, dass es auch auf Alcester einen Kuskus gebe, der dem *quadoi* ähnelte. Das war eine aufregende Nachricht, denn bislang wusste man nur von einem einzigen Säugetier auf Alcester, einer Fledermaus, die ein längst vergessener Reisender vor einem Jahrhundert von der Insel mitgebracht hatte.

Wenn der *quadoi* auf Alcester lebte, dann wäre das die zweite Insel, auf der die Art vorkam. Aus Sicht des Artenschutzes war das eine sehr wertvolle Information, denn sollte die Population auf Woodlark je gefährdet sein, hätte die Art auf Alcester ein Refugium. Für lange isolierte, auf Inseln lebenden Arten gibt es nämlich eine sehr reale Bedrohung: die Einführung von Konkurrenten oder Fressfeinden vom Festland. Bis heute werden Kuskus in Kanus verbreitet – entweder als Nahrungsmittel oder zum Tausch. Wenn der gemeine Kuskus, der in Neuguinea und auf einigen Inseln des Kula-Rings, zum Beispiel auf Kiriwina, vorkommt, jemals nach Woodlark gelangt, könnte er den *quadoi* verdrängen oder Krankheiten einschleppen, gegen die der *quadoi* nicht immun ist.

Auf dem Strand sitzend überlegte ich, unseren Aufenthalt auf Woodlark zu verkürzen und einen Abstecher nach Alcester zu unternehmen. Der Südost-Passat wehte unaufhörlich, und einige Jungen spielten im Schatten der Palmen mit kleinen Auslegerkanus. Wenn sie in der richtigen Richtung im Wasser lagen, schossen sie über das Wasser wie Raketen, und die Kinder sprangen ihnen jubelnd hinterher. So einfach ein Auslegerkanu aussieht, es ist eine der aufwendigsten Konstruktionen der vorindustriellen Gesellschaft. Wie beim Jumbojet ist zur Herstellung das Knowhow vieler Menschen nötig, und oft stammen die erforderlichen Teile und Spezialisten von mehreren Inseln. Wo sie noch hergestellt werden, muss es eine lebendige traditionelle Kultur geben. Alcester gehörte zum Kula-Ring, und das prächtige Kanu, das auf dem Strand lag, wies auf eine lebendige Kultur hin. Also beschloss ich, unseren Aufenthalt auf Woodlark zu verkürzen und über die vielleicht entlegenste und am seltensten besuchte Insel der Salomonsee nach Australien zurückzusegeln.

3
ALCESTER, DAS EINSAME EILAND

Als wir den Anker der *Sunbird* lichteten, um Woodlark zu verlassen, kam ein kleines Auslegerkanu auf uns zu. An Bord war ein junger Mann, der triumphierend einen großen Waran in die Luft hielt. Lester Seri, der die Waran-Arten auf Woodlark erfassen wollte, war hoch erfreut und gab dem Mann eilig ein wenig Geld für das Tier. Dann setzte er das Reptil, das an einen Stock gebunden war, auf seine Koje und kehrte an Deck zurück, um Kapitän Jumelett beim Ablegen zu helfen. Mipi hatte eine Heidenangst vor Reptilien gleich welcher Art. Sie hatte die Ankunft des Warans nicht mitbekommen, doch als sie davon hörte, stellte sie uns vor eine einfache Wahl: Entweder ging das Tier über Bord oder sie. Matt schaffte es schließlich, sie davon zu überzeugen, dass es herzlos wäre, das Tier so weit vom Land entfernt ins Meer zu werfen, und sie gab nach, unter der Bedingung, dass der Waran sofort getötet und konserviert würde.

Lester, der den Waran eigentlich lebend nach Port Moresby hatte bringen wollen, machte sich niedergeschlagen auf den Weg in seine Kajüte, um es hinter sich zu bringen. Doch er kehrte schon bald zurück und berichtete erstaunt, er habe nichts gefunden als einen großen Haufen Warankot auf seinem Kopfkissen. Als Mipi hörte, dass der Waran ausgebüchst war, flüchtete sie in ihre Kajüte und weigerte sich, wieder herauszukommen, ehe das Monster gefunden und erledigt worden war. Doch obwohl wir das Boot gründlich durchsuchten, blieb der Waran verschwunden. Lester stellte sich vor Mipis Kabine und dachte laut darüber nach, dass es sich vermutlich um eine schwimmfähige Art handele, weshalb der Waran wohl aus freien Stücken über Bord gegangen sein müsse und nun nach Hause schwimme. Mipi war nicht überzeugt und ließ sich erst nach einiger Zeit wieder an Deck blicken. Im geschäftigen Leben an Bord war der Waran jedoch bald vergessen, und die Routine kehrte zurück.

Die Insel Alcester ist aufgrund ihrer Höhe schon von weitem zu sehen. Aus der Ferne wirkt der grüne Flecken am Horizont noch einladend, doch je näher man kommt, desto weniger gastfreundlich erscheint die Insel. Ihr Basaltkern ist das einzige Überbleibsel eines längst erloschenen Vulkans. Sie sieht aus wie ein gewaltiger, kantiger Fels, oben flach und ringsum mit Kreideklippen eingerahmt. Ohne schützendes Riff, das die Wellen brechen würde, schlägt die Brandung heftig gegen die Klippen und schneidet Höhlen und Felsnadeln aus ihnen heraus. Die Insel erinnerte mich an die Festung eines bösen Zauberers aus den Zeichentrickfilmen meiner Kindheit.

Die Geologie der Insel lässt auf eine faszinierende Entwicklung schließen. Die Insel entstand als Vulkan, der aus dem Meer wuchs. Vermutlich war sie ursprünglich kegelförmig, doch die Wellen hatten die Seiten geglättet und in eine blockartige Form gebracht. Als sich die Magmakammer des Vulkans abkühlte, wurde sie schwerer und sank bis hinunter auf die Höhe des Meeresspiegels. Die Wellen trugen den Gipfel ab und schufen das Plateau, wie es heute besteht. Dann formierten sich gewaltige geologische Kräfte und hoben die Insel erneut nach oben. Diese Entwicklung verlief schrittweise. Die Kreidefelsen von heute waren einst Korallenriffe, die entstanden, als der Vulkan in seinem Aufstieg innehielt, und die später hoch über das Meer hinausgehoben wurden. Vermutlich wird Alcester nach wie vor nach oben gedrückt.

Als wir an der Nordküste entlangsegelten, sahen wir kein Anzeichen von menschlichen Siedlungen, doch als wir ans westliche Ende der Insel kamen, erblickten wir in einer Bucht ein kleines Dorf. Als wir in das ruhige Wasser der Bucht einfuhren und nach einem Ankerplatz suchten, wurden wir von kleinen Kanus umringt, in denen neugierige Frauen und Kinder saßen. Das blaue Wasser war so klar, dass wir Korallen in zwanzig Meter Tiefe erkennen konnten. Doch der Meeresgrund fiel kaum weniger steil ab als die Klippen, und es war gar nicht so einfach, einen geeigneten Ankerplatz zu finden.

Die Frauen in den Kanus trugen traditionelle Schilfröcke und wurden von nackten Kindern begleitet. Das war anders als auf Woodlark, wo alle Einwohner westliche Kleidung trugen (außer jeden zweiten Donnerstag im Monat, wenn die Schulkinder traditionelle Kleidung anlegten). Nach allem, was man von Deck aus sehen konnte, war das Dorf, das hinter Kokospalmen versteckt lag, noch ganz traditionell. Kein westlicher Einfluss war erkennbar, und ich fühlte mich ein bisschen wie James Cook bei seiner Landung auf Tahiti. Später erzählten uns die Frauen, die Männer des Dorfes seien auf eine große Kula-Fahrt gegangen, und die wenigen, die auf der Insel geblieben waren, seien nach Woodlark gerudert, um den Jungen mit dem gebrochenen Arm behandeln zu lassen. Alcester war ein Tropenparadies, in dem zumindest für kurze Zeit nur Frauen und niedliche Kinder lebten.

So idyllisch das kleine Dorf auf uns wirkte, es hatte seine Probleme. Als zwei kleine Jungen an Deck der *Sunbird* kletterten, baten sie nur um eins: ein Glas Wasser. Es war der Höhepunkt der Trockenzeit in einem außergewöhnlich trockenen Jahr. Die Dorfbewohner hatten nur noch ein paar Liter Wasser auf dem Grund eines alten Tanks, die sie als Notration vorhielten. Sie tranken vor allem Wasser aus Kokosnüssen und litten unter Durst. Wir gaben ihnen ein wenig von unserem Wasser ab, aber unsere Vorräte waren natürlich auch begrenzt. Doch die Dorfbewohner freuten sich, als wir einen großen Thunfisch aus unserer Gefriertruhe holten. Der Fisch reichte für ein Festmahl für die ganze Gemeinde.

Ich wollte wissen, ob in letzter Zeit andere Boote an dieser entlegenen Insel angelegt hatten. Eine Frau erzählte mir, der letzte Besucher sei eine Yacht eines großen Zigarettenherstellers gewesen. Es sei eine Luxusyacht gewesen, die Mannschaft habe kostenlose Zigaretten verteilt und romantische Filmchen gedreht, in denen attraktiv und gesund aussehende Schauspieler genüsslich an ihren Krebsstängeln pafften. Ich war angewidert von den Methoden, mit denen der moderne Kapitalismus selbst im Paradies Sucht und Tod sät und fragte mich, wie lange diese traditionelle Kultur wohl noch überleben würde.

Nachdem wir unsere Netze und Fallen aufgestellt hatten, schwammen und schnorchelten wir rund um die *Sunbird*. Ich hatte noch nie derart klares Wasser gesehen, und als ich in die Tiefe tauchte, knisterte es in meinen Ohren. Ohne Bleigürtel musste ich meine ganze Kraft aufwenden, um auf den Grund zu kommen, aber dort staunte ich über den Reichtum an kleinen Fischen und die leuchtenden Farben der Korallen und Würmer. Gekühlt durch die Strömung aus der Tiefe, waren die Korallen unberührt von Giften oder Bleiche. Ich ahnte damals nicht, dass ich aufgrund des Klimawandels und der Korallenbleiche nie mehr etwas Vergleichbares sehen würde.

Gegen Abend gingen wir an Land, um nach dem geheimnisvollen *quadoi* der Insel Ausschau zu halten. Ich hatte mich schon den ganzen Tag über unwohl gefühlt und schwere Beine und Kopfschmerzen gehabt. Ich kannte die Symptome nur zu gut. Es war der Beginn eines Malaria-Anfalls, einer Krankheit, die mich seit Beginn meiner Arbeit in Melanesien dauernd begleitet hatte. Während unseres Aufstiegs zum Plateau schwitzte ich und konnte kaum einen Fuß vor den anderen setzen. Lester und Tish schlugen mir vor, ich solle mich doch in einer Hütte im Dorf ausruhen.

Frustriert und wütend, dass ich die Insel nun nicht kennenlernen würde, wälzte ich mich auf einer Palmmatte in einer stockdunklen Hütte und verfluchte mein Pech.

Als die Übelkeit und das Fieber heftiger wurden, hörte ich ein Klicken und spürte, dass jemand die Hütte betreten hatte. Ängstlich leuchtete ich mit der Taschenlampe in Richtung der Tür und sah ein Mädchen in einem Schilfröckchen. Sie musste so um die vierzehn Jahre alt sein, und meinem fiebrigen Gehirn schien es, als sei sie direkt dem Film *Meuterei auf der Bounty* entstiegen. Ihr unschuldiges Gesicht war von schwarzen Locken eingerahmt, und sie trug einen Fächer, eine Schüssel mit wertvollem Wasser und ein feuchtes Tuch. Wortlos setzte sie sich neben mich und begann, meinen Körper abzureiben. In der dunklen Stille hörte ich ihren ruhigen Atem neben mir, und während sie mich abkühlte, wich meine Übelkeit. Ich fragte mich, wie viele Frauen wohl einem wildfremden Menschen in einer stockfinsteren Hütte ihre junge Tochter anvertrauen würden. Doch irgendeine Dorfbewohnerin, mit der ich vermutlich kein Wort gewechselt hatte, hatte ihrer Tochter aufgetragen, sich um mich zu kümmern. Voller Dankbarkeit für die Güte dieser fremden Frau fiel ich schließlich in einen tiefen Schlaf.

Kurz vor Tagesanbruch weckte mich Lester und berichtete mir, dass die Nacht ein voller Erfolg gewesen war. Er hatte Exemplare des *quadoi* und des Flughunds der Insel gefangen. Ich fühlte mich sehr viel besser und half Lester, die Tiere zu häuten. Das Fleisch wollten wir den Dorfbewohnern geben, die wegen der Dürre kaum zu essen hatten. Dabei wurde mir sofort klar, dass der Kuskus von Alcester große Ähnlichkeit mit seinem Cousin von Woodlark hatte. Aber auf Alcester waren diese Tiere offenbar extrem zahlreich. Lester berichtete, als er auf einen Flughund in einem Baum geschossen habe, sei nicht nur dieser heruntergefallen, sondern auch ein *quadoi*. Die beiden mussten direkt nebeneinander in demselben Baum gesessen und Feigen gefressen haben. Als wir den *quadoi* später im Labor untersuchten, stellte sich heraus, dass die Art erst vor relativ kurzer Zeit – vermutlich erst vor wenigen tausend Jahren – von Woodlark nach Alcester gebracht worden war. Archäologische Funde bestätigen, dass die Menschen in Melanesien seit Jahrtausenden Tiere von einer Insel auf die andere bringen, um ihren kargen Speiseplan um einige Wildtierarten zu bereichern.

Am folgenden Tag sammelten Tish und ich die Netze und Fallen wieder ein. Wenn die Freiwilligen von TAMS in Cairns noch ihre Maschine erreichen sollten, mussten wir gegen Mittag von der Insel aufbrechen. Uns blieb gerade noch Zeit für eine kleine Expedition. Die Inselbewohner hatten uns von einer Höhle in den Klippen berichtet, in der kleine Fledermäuse nisteten, und Lester war mit dem Kanu hingefahren, um sie in Augenschein zu nehmen. Er kam zurück, als wir schon Vorbereitungen für die Abfahrt trafen, und wirkte ein wenig mitgenommen. Die Fahrt zur Höhle hatte sich als sehr gefährlich erwiesen, und wenn sein *lakatoi* gekentert wäre, dann hätten ihn die Wellen auf den scharfen Felsen zu Hackfleisch verarbeitet. Glücklicherweise waren die Kinder, die sein Kanu steuerten, geübte Seefahrer, und er kam mit der Nachricht zurück, dass er in der Höhle zwei Arten von Fledermäusen gesichtet habe. Beide gehörten zur Familie der Sackflügelfledermäuse, die deshalb so heißen, weil der verknorpelte Teil ihres Schwanzes in einem Hautschaft sitzt. Sie sind in Melanesien verbreitet und nisten häufig in Klippenhöhlen.

Als wir Bilanz zogen, stellten wir fest, dass wir während unseres 24-stündigen Besuchs auf Alcester sechs Säugetierarten dokumentiert hatten. In den hundert Jahren zuvor war nur eine einzige Flughunde-Art auf der Insel beobachtet worden. Wir hatten ganze Arbeit geleistet.

Als wir Alcester hinter uns ließen und Kurs auf Alotau, die

Hauptstadt der Papua-Provinz Milne Bay, nahmen, überkam mich ein Gefühl der Traurigkeit. Es war ein einmaliges Erlebnis gewesen, auf einem Katamaran durch die Salomonen zu segeln, und in Alotau musste ich von der *Sunbird* und meinen Begleitern Abschied nehmen. Wir waren echte Freunde geworden und hatten erstaunliche Abenteuer zusammen erlebt. Sie würden zurück nach Cairns segeln, während Tish, Lester und ich weiterflogen, um eine der faszinierendsten Inseln des Pazifiks zu besuchen: Goodenough, eine der D'Entrecasteaux-Inseln.

Kurz vor Alotau sortierten wir unsere Gerätschaften, um zu entscheiden, was mit nach Goodenough kam und was nach Australien zurückkonnte. Als Lester eine große Kiste mit Fallen hochhob, die vor der Bootstoilette stand, tauchte ein alter Bekannter auf. Es war der Waran, der seine Visitenkarte auf Lesters Kopfkissen zurückgelassen hatte. Ich war erstaunt, wie ein Tier, das mehr als einen Meter lang war, so lange unbemerkt auf einem überfüllten Boot wie der *Sunbird* mitreisen konnte. Dieses Erlebnis führte mir eindrucksvoll vor Augen, wie leicht Pazifikratten und Hausgeckos unbemerkt in den Kanus der alten Polynesier mitreisen und sich so über die gesamte bewohnte Inselwelt des Pazifiks ausbreiten konnten.

Wir versuchten, das erneute Auftauchen des Warans vor Mipi geheim zu halten, doch sie bemerkte unsere Versuche, das Tier einzufangen, und schloss sich prompt wieder in ihrer Kajüte ein. Nach einer kurzen Jagd gelang es Lester schließlich, den blinden Passagier zu packen und in eine große Plastikkiste zu stecken. Matt hatte Mitleid mit ihm und gab ihm einige Hühnerknochen, die vom Essen übrig geblieben waren. Der Effekt war erstaunlich. Die eben noch wilde Echse verwandelte sich mit einem Mal in ein zahmes Schoßhündchen und streckte sich, um Matt die Knochen aus der Hand zu fressen. Mit jedem verschlungenen Knöchlein wurde das Herz unseres Kapitäns sichtlich weicher. Plötzlich war sogar die Rede davon, den Waran zum Maskottchen der *Sunbird* zu machen, doch zu Mipis Erleichterung klärte Lester Matt auf, dass es illegal war, ohne Genehmigung Tiere aus Papua-Neuguinea auszuführen. Dann verkündete Lester, er habe das Tier zu sehr ins Herz geschlossen, um es auszustopfen. Daher setzte er das satte und gut erholte Reptil im Hafen von Alotau aus. Seine flotten Schwimmzüge bestätigten Lesters Annahme, dass es sich um einen Pazifikwaran handelte. Die Art ist in Melanesien weit verbreitet, und unser blinder Passagier fühlte sich in den Mangroven-Sümpfen von Alotau sicher schnell heimisch.

4
NICHT WEIT GENUG

Lester, Tish und ich gingen also in Alotau von Bord der *Sunbird* und planten unsere Reise zu einer weiteren Insel. Im Gegensatz zu Woodlark liegt Goodenough nah am Festland und hat einen Flugplatz. Ich hatte die Insel schon einmal gesehen: Als ich einige Jahre zuvor den Bergrücken im Südosten von Neuguinea entlangflog, ragten am Ostende der Kette nur drei hohe Berge aus den Wolken. Zwei davon erkannte ich rasch als Mount Suckling und Mount Dayman – wenn man sich Neuguinea als einen Vogel vorstellt, dann befinden sich die beiden am Schwanzende. Aber der dritte gab mir Rätsel auf. Es war ein spitzer Felskegel nördlich der beiden anderen. Erst später wurde mir klar, dass er sich gar nicht auf dem Festland befand, sondern dass es sich um den Gipfel von Mount Goodenough handelte.

Die Insel Goodenough ist die westlichste der drei D'Entrecasteaux-Inseln und gemessen an der Fläche vermutlich die höchste Insel der Welt. Die drei Inseln sind Bruchstücke der Kontinentalkruste, die vor zwei bis fünf Millionen Jahren von Neuguinea abbrach. Die Wasserstraße zwischen den Inseln und dem Festland ist zwar schmal, aber sehr tief, genau wie das Meer, das die Inseln voneinander trennt. Damit ist jede der Inseln ein eigenes Experiment der Evolution, und das faszinierendste davon ist Goodenough. Zoogeographische Untersuchungen haben ergeben, dass große, hohe Inseln mit deutlich größerer Wahrscheinlichkeit eine vielfältige Fauna bewahren als kleine, flache. Und da Goodenough alt, hoch und groß ist, hofften wir, auf dieser Insel auf

Arten zu stoßen, die lebende Relikte eines früheren Entwicklungsstadiums von Neuguinea sind.

Nur zweimal hatten Wissenschaftler bisher den Versuch unternommen, die Säugetiere von Goodenough zu untersuchen. Ende 1896 und Anfang 1897 verbrachte der legendäre Albert Meek einige Wochen auf der Insel, aber er hatte nicht allzu viel Glück. Er hatte eigentlich vorgehabt, den höchsten Gipfel der Insel zu besteigen, doch feindselige Inselbewohner hinderten ihn daran. Mit dem für britische Entdecker des 19. Jahrhunderts so typischen Understatement schrieb er:

> *Als ich auf dem Weg zum Gipfel durch einen Garten eines Dorfes kam, traf ich einen Eingeborenen, der mich mit einer Steinaxt bedrohte und versuchte, mich zur Umkehr zu zwingen. Ich ging geradewegs weiter, obwohl er die Axt vor meinem Gesicht schwang. Er kam mir so nahe, dass ich fürchtete, ihn erschießen zu müssen.*[5]

Dank feindseliger Angriffe wie diesem blieb der Gipfel *terra incognita*. Es sollten fast sechzig Jahre vergehen, ehe ein weiterer Säugetierforscher den Aufstieg versuchte. Im Jahr 1953 landete die vierte Archbold-Expedition auf der Insel und verbrachte einen ganzen Monat dort. Die Archbold-Expeditionen, die zwischen 1933 und 1964 durchgeführt wurden, waren gewaltige Unternehmungen mit Dutzenden Beteiligten, vor allem Forschern vom American Museum of Natural History, die bis zu achtzehn Monate am Stück reisen konnten. Finanziert wurden sie vom Millionär und Philanthropen Richard Archbold, der an den heroischen Expeditionen der dreißiger Jahre selbst teilnahm. Sie waren der umfassendste Versuch, die Flora und Fauna Melanesiens zu dokumentieren. Die frühen Expeditionen wurden mit Wasserflugzeugen durchgeführt, sie drangen in unbekannte Ge-

biete vor, machten Erstkontakte mit Einheimischen und entdeckten Dutzende neuer Vogel-, Säugetier-, Reptilien- und Pflan-
zenarten.

Im Vergleich mit ihren Vorgängern war die Expedition des
Jahres 1953 eine Butterfahrt. Sie besuchte Regionen, die im
Zweiten Weltkrieg durch den fieberhaften Bau von Flugplätzen
zugänglich geworden waren. Sie sammelten zunächst im Tiefland
von Goodenough, dann bestieg Hobart Van Deusen, der Säugetierexperte der Gruppe, den Berg und kampierte zwei Wochen
lang auf einem bewaldeten Hügel auf 1600 Metern Höhe. In seinem Bericht notierte er:

> *Unsere Suche nach Säugetieren wäre mager ausgefallen,
> hätte uns nicht ein Garuwata-Mann namens Vilaubada ge-
> holfen, der zusammen mit seinem Sohn elf Tage bei uns ver-
> brachte und im Wald mit Hunden auf die Jagd ging. Nur
> dank seiner Hilfe gelang es uns, ein schwarzes Buschkän-
> guru, einen schwarzköpfigen Nasenbeutler und eine Dobso-
> nia [eine Flughundeart] zu fangen.*[6]

Bei dem Buschkänguru handelte es sich um eine bis dahin unbekannte Art, die Van Deusen als *Dorcopsis atrata* (zu Deutsch
Schwarzes oder Goodenough-Buschkänguru) bezeichnete. Fünf
Millionen Jahre alte Fossilien von ähnlichen Tieren wurden in der
Nähe von Waikerie in Südaustralien gefunden, doch heute gibt es
Buschkängurus nur noch im Tiefland von Neuguinea. Aber wie
kam es, dass diese Art nur in den Bergwäldern von Goodenough
vorkam? Vermutlich wurden die Vorfahren isoliert, als die Insel
vor Jahrmillionen durch gewaltige geologische Veränderungen
vom Festland abgetrennt wurde. Vielleicht war der Bergwald von
Goodenough ein Überrest des ursprünglichen Lebensraums der
Art. Das allein wäre einen Besuch wert, aber insgeheim hatten

wir auch andere Hoffnungen. Wenn ein derart großes Tier bis 1953 unbemerkt auf der Insel leben konnte, erwartete uns vielleicht auch noch eine andere Überraschung.

✳

Ein oder zwei Jahre zuvor war ich nach New York geflogen, um die von Van Deusen gesammelten Exemplare zu begutachten, die im Amerikanischen Naturkundemuseum aufbewahrt wurden. Das Museum ist eine einmalige Einrichtung und beherbergt eine der größten biologischen Sammlungen der Welt. Während meines ersten Besuchs hatte ich als ausländischer Besucher außergewöhnliche Freiheiten. Ich bekam sogar einen eigenen Schlüssel zur Sammlung und konnte kommen und gehen, wann ich wollte – eine willkommene Abwechslung zu den strengen Regeln europäischer Museen. Die Säugetiersammlung ist außerdem hervorragend kuratiert und präsentiert, weshalb es nicht schwer war, die gesuchten Exemplare zu finden und zu untersuchen. Leider stellte ich fest, dass Van Deusen keine für DNA-Analyse geeigneten Gewebeproben und kein Skelett des Buschkängurus mitgebracht hatte. Und interessanterweise gab es in der ganzen Sammlung kein einziges Weibchen. Um grundlegende Fragen zu beantworten, mussten also weitere Tiere untersucht werden.

Die Gelegenheit zu einem Besuch in New York hatte sich auf ungewöhnliche Weise ergeben. Ein Mitarbeiter eines Juwelierladens in Manhattan hatte in der Zeitung von meinen Forschungen gelesen und mir einen Scheck über 1500 Dollar geschickt, um meine Arbeit zu unterstützen. Ich beschloss, einen Teil dieses großzügigen Geschenks in einen Flug nach New York zu investieren, wo ich mich gleich persönlich bei dem Spender bedanken konnte. Der Mann hieß Eric Fruhstorfer und arbeitete bei Van Cleef & Arpels. Als ich ihm schrieb, antwortete er, zum Zeitpunkt meines Besuchs veranstalte das Unternehmen eine Party, und ich solle doch vorbeischauen. Da ich mit einem äußerst schmalen Budget unterwegs war, übernachtete ich im YMCA in einem brütend heißen Zimmerchen, in dem es nach Urin stank. Da ich wusste, wie wichtig ein gepflegter Auftritt war, hatte ich mir mein einziges halbwegs ansehnliches Hemd für den Abend der Party aufgehoben, doch als ich den Koffer aufmachte, stellte ich entsetzt fest, dass ich nur Jeans eingepackt hatte.

Eric hatte mir am Telefon eine Adresse in der Fifth Avenue genannt, aber ich ging mehrmals am Eingang vorüber, ehe ich den Laden fand. Ich hatte nach einem Schaufenster mit Halsketten und Ringen Ausschau gehalten und nicht nach einer eleganten Granitfassade mit Türsteher. Zur Begrüßung informierte mich Eric, das Unternehmen veranstalte die Party zu Ehren von Kunden, die im vergangenen Jahr für mehr als eine Million Dollar eingekauft hatten. Diese Nachricht beunruhigte mich, und nur Erics ausgesprochen herzliche Begrüßung verhinderte, dass ich gleich wieder rückwärts zur Tür hinausstolperte. Er führte mich in den Raum, als sei ich der wichtigste Gast des Abends. Noch immer erschrocken über die unerwartete Wende, die der Abend genommen hatte, nippte ich an meinem Champagner, löffelte Kaviar und sah mich verstohlen um.

Die Party war der Inbegriff der Eleganz. Der Raum war voller attraktiver Damen und vornehmer Herren, die zum Glück nicht die geringste Notiz von mir nahmen. Plötzlich beobachtete ich, wie sich die Kellner um einen älteren Gentleman versammelten, der die eleganteste Blondine am Arm hatte, die ich je gesehen habe. Aus unerfindlichen Gründen war ihm die Hose herunter- und um seine Knöchel gerutscht, doch das schien er gar nicht zu bemerken. Erstaunt sah ich zu, wie die Kellner einen menschlichen Vorhang um ihn bildeten, während ihm eine Kellnerin diskret die Hosen hochzog und den Gürtel schloss. Ich kam zu dem

Schluss, dass diese Welt noch exzentrischer und sonderbarer sein musste als alles, was ich in Melanesien gesehen hatte. Dagegen wirkten Steinzeit-Kannibalen direkt normal.

Dann zeigte mir Eric einen kleinen schwarzen Mann, der von außergewöhnlich hübschen Mädchen umringt war. Die meisten sahen aus, als gingen sie noch zur Schule. Der Mann sei Kunstminister des haitianischen Diktators Baby Doc, erklärte mir Eric. Er habe den Minister einige Monate zuvor in Haiti besucht und Schmuck im Wert von 9 Millionen Dollar in einem Köfferchen bei sich getragen. Der Minister empfing ihn im Bademantel auf seinem Bett, umringt von elf mehr oder minder unbekleideten Mädchen. »Darf ich Ihnen meine Patenkinder vorstellen?«, sagte er zur Begrüßung. Ich merkte, dass zwischen dem Juwelier und meinem Zimmerchen im YMCA mehrere Welten liegen mussten.

⊛

An diese seltsame Begegnung erinnerte ich mich beim Anflug auf Goodenough. Die Landebahn liegt auf einer trockenen, von Silberhaargras bewachsenen Ebene im Regenschatten auf der Nordseite der Insel. Sie war während der Bombardierung Japans im Zweiten Weltkrieg eine Basis der Alliierten. Daneben diente sie als Flugzeugfriedhof, und bei meinem Besuch lagen noch so viele Wracks herum, dass viele Dorfbewohner ihre Hütten aus den Alublechen der Flugzeuge zusammenzimmerten. Auf einigen Wänden waren sogar noch die Abzeichen der amerikanischen Air Force zu sehen. Ein anderes Erbe des Kriegs war, dass kaum jemand traditionelle Holzspeere verwendete. Stattdessen wurden zur Jagd auf Schweine und Buschkängurus vor allem Speere aus Metallschrott benutzt.

Die Dürre, die Woodlark und Alcester heimsuchte, hatte auch Goodenough nicht verschont. Seit fast einem Jahr war es außergewöhnlich trocken. Dazu kam ein Massensterben von Fischen rund um die Insel, das vielleicht mit dem Ausbruch eines unterseeischen Vulkans oder einer roten Flut (der Blüte einer giftigen Algenart) zusammenhing und eine Lebensmittelknappheit verursachte. Unsere Ankunft fiel mitten in die trockenste Zeit, und die Mangobäume hingen voller unreifer, etwa pflaumengroßer Früchte. Das war offenbar das einzige Nahrungsmittel, an dem kein Mangel herrschte, weshalb die Dorfbewohner die Bäume plünderten, was natürlich auf Kosten ihrer Mangoernte im Dezember ging.

Als wir landeten, stand das trockene Silberhaargras an den Hängen rund um die Landebahn in Flammen. Die beißenden Rauchwolken verliehen der Insel eine Art Friedhofsstimmung. Niemand holte uns ab, wir stiegen allein den Abhang hinauf zum nächsten Dorf, um mit dem Oberhaupt des Dorfrats zu sprechen. Wir trafen ihn vor seinem Haus an, wo er lustlos auf der Veranda saß. Als wir ihm erklärten, dass wir den Berg im Herzen der Insel besteigen wollten, um nach Tieren zu suchen, gab er uns drei Jungen als Führer mit. Der Waldrand sei anderthalb Stunden Fußmarsch entfernt. Wir bereiteten den Abmarsch vor und hofften, zur Mittagszeit am Waldrand unser Lager aufschlagen zu können und am nächsten Tag weiter zum Gipfel zu marschieren.

Es ist ein bedrückendes Erlebnis, über kürzlich abgefackelte Wiesen einen steilen Abhang hinaufzusteigen. Die Hitze war unerträglich, kleine Ascheflocken schwebten in der Luft und machten das Atmen zur Qual. Nach kürzester Zeit lief uns der Schweiß in Strömen von der Stirn, und mein Hals brannte. Es half uns nicht, dass wir den Abend zuvor in Alotau nicht ganz nüchtern geblieben waren. Lester hatte zufällig ein paar Kumpels getroffen, die uns zu einer Runde Bier und Billard eingeladen hatten. Da wir am nächsten Tag im Morgengrauen am Flugplatz sein mussten, waren Tish und ich schon gegen Mitternacht aufgebrochen. Aber Lester hatte am nächsten Morgen den Eindruck gemacht, als hätte er nicht geschlafen. An den grasbewachsenen Abhängen machten sich die SP Brownies (das beliebteste Bier Papua-Neuguineas) bemerkbar, und wir verfluchten die Sonne, die erbarmungslos auf unsere armen Köpfe brannte.

Von weiter unten sah es so aus, als würden wir nach einem Anstieg von rund 600 Metern einen Kamm erreichen, hinter dem offenbar der Wald begann. Die Entfernung war überschaubar, doch der Abhang war steil und unser Gepäck schwer. Die Sonne kletterte immer höher, und als wir uns dem Kamm näherten, litten wir bei jedem Schritt. Das Einzige, was uns noch antrieb, war der Gedanke daran, dass wir bald im Schatten des Waldes gehen und an einem klaren Bächlein zwischen den Bäumen unseren Durst stillen würden.

Als wir erschöpft den Kamm erreichten, sahen wir entsetzt, dass vor uns nicht etwa der Wald lag, sondern ein weiterer abgefackelter Abhang, der noch steiler und höher war als der, den wir uns gerade hinaufgequält hatten. Der verkaterte Lester warf sich vor Frustration auf den Boden, verfluchte die Inselbewohner und erklärte, das Umweltministerium solle die ganze Bande wegen ihrer sinnlosen Umweltzerstörung vor Gericht zerren.

Wir waren inzwischen mehrere Stunden unterwegs, und vor uns lag ein Anstieg von mindestens tausend Metern. Ich fragte unsere Führer, wo denn nun wirklich der Wald anfinge. Zu meiner Überraschung antworteten sie, dass sie keine Ahnung hätten. Keiner der Jungen hatte den Berg je bestiegen. Ihr Onkel hatte sie uns mitgegeben, in der Hoffnung, dass wir ihnen zu essen geben würden. Auf Situationen wie diese gibt es nur eine Antwort: eine Kanne Wasser aufsetzen. Während wir an unseren Tassen nippten, blickten wir den kokelnden Abhang hinauf. Die aufsteigenden Hitzeschwaden wirkten, als kämen sie aus einem Ofen.

Es dämmerte schon, als wir den zweiten Kamm erreichten,

nur um zu sehen, dass auf der anderen Seite ein weiterer grasbewachsener Abhang lag, der kürzlich abgefackelt worden war. Dieser war allerdings deutlich kürzer, und auf der anderen Seite konnten wir nun endlich den Waldrand sehen. Uns blieb nichts anderes übrig, als unser Lager aufzuschlagen. Zum Glück fanden wir in der Nähe eine geschützte Stelle unter einem Felsen – nicht mehr als eine Nische, die gerade breit genug war, dass wir in einer Reihe darunter schlafen konnten. Ehe wir erschöpft auf die Matte sanken, suchte ich auf der Karte, wo wir uns in etwa befanden. Ich schätzte, dass wir auf 1500 Metern Höhe waren. Mit unseren knappen Wasservorräten war es ein höllischer Marsch gewesen.

Als hätten wir noch nicht genug gelitten, setzte in der Nacht ein Nieselregen ein – es reichte zwar nicht, um es als Trinkwasser zu sammeln, aber es war immerhin genug, um uns unter unserem Felsvorsprung gründlich zu durchnässen. Wir waren vor Tagesanbruch wach, nass, wund, elend und bereit, den letzten Hang in Angriff zu nehmen. Obwohl der Weg steil war, erschien er uns in der Kühle des Morgens erträglicher. Auf dem letzten Kamm angekommen, fiel der Weg leicht ab und wurde zu einem angenehmen Spaziergang. Zwei Stunden später hatten wir den Wald erreicht und konnten endlich an einem kleinen Bach unseren Durst stillen. Kurz darauf kamen wir an einen Lagerplatz, der offenbar gelegentlich von den Leuten aus der Gegend genutzt wurde. Er lag in einem wunderschönen Urwald auf einer Höhe von rund 1300 Metern und war der perfekte Ausgangspunkt für unsere Untersuchungen.

Es war vermutlich der ungewöhnlichste Lagerplatz, auf dem ich je übernachtet habe. Hausgroße Granitfelsen lagen verstreut herum wie Kieselsteine, und ich hatte das Gefühl, wir seien in ein Land der Riesen gekommen. Unser Lager befand sich direkt unter einem gewaltigen Felsen, der ungefähr so groß war wie eine Kirche und an drei Seiten von kleineren Brocken abgestützt wurde. Unter dem Felsen befand sich eine ebene Fläche von der Größe einer Hütte. Allerdings war die Decke an den meisten Stellen so niedrig, dass man nicht aufrecht stehen konnte. Der beste Schlafplatz war ganz besonders niedrig: Wenn wir uns hinlegten, hing der Fels nur wenige Zentimeter über unseren Köpfen. So bequem dieser weite, ebene und trockene Raum war, so bedrohlich wirkte er auch. Wenn ich auf meiner Matte lag, wurde mir jedes Mal bewusst, welche gewaltige Masse da über mir hing. Die Felsen, auf denen sie auflag, wirkten immens zerbrechlich, und ich hatte Angst, die kleinste Erschütterung könnte die gesamte Konstruktion zum Einsturz bringen und uns zu Atomen zermalmen.

Direkt vor unserem Lager floss ein kühler, kristallklarer Bach vorüber. Über und unter unserem Lager floss er über weitere Felsen und bildete eine Reihe von Wasserfällen mit tiefen Becken. Später erfuhr ich, dass die Einheimischen dem Bach und dem Lager den Namen »boitutudiadobodobona« gegeben hatten. Ich gestehe, dass ich nie den Versuch unternommen habe, die Sprache der Bewohner von Goodenough zu lernen, die nur aus derart langen und komplizierten Wörtern zu bestehen scheint.

Der Wald um unser Lager war einzigartig. Die knorrigen und relativ niedrigen Bäume wurden von langen, hellgrünen Moossträhnen bewachsen, wie ich sie nirgends sonst gesehen habe. Sie erinnerten mich ein wenig an das Spanische Moos Südamerikas, und wenn es in der leichten Brise wehte, verlieh es dem Wald ein märchenhaftes Flair. Als ich eines Morgens am Bach saß und mir die Zähne putzte, tauchte hinter dem Moosvorhang ein außergewöhnliches Tier auf. Es war ein beeindruckender, braunweißer Brahminenweih, der mich an einen Adler erinnerte. Lautlos schoss er den Bachlauf entlang, auf der Suche nach Eidechsen und Fröschen. Die Schlucht war so schmal, dass er in zwei Metern

Entfernung an mir vorüberfliegen musste und ich ihm direkt in die Augen blicken konnte. Der Raubvogel musste mich gesehen haben, doch er zeigte nicht das geringste Anzeichen von Furcht – vielleicht weil er erkannt hatte, dass ihm gar nichts anderes übrigblieb, als so unauffällig wie möglich an mir vorbeizufliegen.

Schon bald stellten wir fest, dass auf Mount Goodenough unweigerlich Abend für Abend ein Nieselregen einsetzte. Es wurde bald mein Lieblingsritual, mit dem Morgengrauen aufzustehen, eine Tasse Kaffee zu trinken und zuzusehen, wie die Rauchschwaden von unserem Lagerfeuer durch die moosbehangenen Baumkronen zogen. An klaren Morgen konnte man sehen, wie die ersten Sonnenstrahlen den Felsen und das Grasland mehr als tausend Meter über uns trafen. Leider hatten wir zu wenig Zeit und Proviant, um den faszinierenden Gipfel von Mount Goodenough zu erkunden, und beschränkten uns daher darauf, das Waldgebiet zu erforschen. Vielleicht findet ein künftiger Säugetierforscher heraus, was in den kargen Grassteppen des einsamen Gipfels lebt, aber bis heute ist noch keine Expedition dorthin vorgedrungen.

Wir sahen viele Blaubrustpittas, deren rotblaues Gefieder sich unwirklich von der grünen Urwaldkulisse abhob. Auch kleine Schlangen, die wir schließlich als *Aspidomorphus* identifizierten – laut Reptilführer »eine giftige, aber ungefährliche Art« – schauten täglich in unserem Lager vorbei. Einer der ersten Laute, den wir bei unserer Ankunft hörten, war ein lauter, rollender und klagender Ruf, der gar nicht aufzuhören schien. Er war nicht unangenehm, aber zusammen mit dem Moos und den gewaltigen Felsen verlieh er dem Ort etwas Verwunschenes.

Wir brauchten ein paar Tage, um den Urheber dieses Rufs ausfindig zu machen. Bei einem Blick in das knorrige Geäst sah ich ein scharfes, blutrotes Auge, das auf mich heruntersah. Es gehörte einer Kräusel-Manucodia, einer Verwandten der Paradiesvögel, die nur auf dem D'Entrecasteaux-Archipel und einigen benachbarten Inseln vorkommt. Mit ihrem überwiegend bläulichschwarzen Gefieder erinnert sie an eine große, leuchtende Krähe, doch die roten Augen und der gekräuselte Kamm lassen keine Verwechslung zu. Ich beobachtete sie eine ganze Weile lang, während sie auf ihrem Ast hockte. Wenn sie den Kopf drehte und mich fragend ansah, erinnerte sie mich ein wenig an Groucho Marx.

Ihren Ruf verdankt die Kräusel-Manucodia ihrer ungewöhnlichen Luftröhre. Während unseres Aufenthalts erlegte einer der Jungen mit Pfeil und Bogen einen der Vögel. Ehe er ihn in den Kochtopf steckte, erlaubte er mir, ihm die Haut für die Sammlung des Museums abzuziehen. Während ich den Vogel präparierte, stellte ich erstaunt fest, dass seine Luftröhre länger war als er selbst. Ordentlich aufgerollt lag sie über der Brust des Vogels und wirkte auf einen Laien wie ein garstiger Wurm.

Auch hier stellten wir unsere Fallen und Netze auf. Diese Netze sind rund zehn Meter lang und bestehen aus feinem Nylon. Sie werden zwischen zwei Pfählen aufgespannt und von fünf dickeren, horizontalen Schnüren gehalten; das Nylonnetz bildet darunter lose Taschen. Wenn sich eine Fledermaus in dem Netz verfängt, fällt sie in eine der Taschen, aus denen sie nur mit Mühe wieder entkommt. Sie bleibt unverletzt und kann je nach Bedarf gefangen oder freigelassen werden.

Leider fehlten uns die Mittel, um Kängurus zu fangen. In der unmittelbaren Nähe das Lagers fanden wir zwar zahlreiche Spuren und Kot des Schwarzen Buschkängurus, aber ich wusste nicht, wie wir ein Exemplar fangen sollten. Es war schon unwahrscheinlich genug, dass wir überhaupt ein Tier zu Gesicht bekamen, denn die Kletterei zwischen den Felsen war anstrengend, und die Buschkängurus sind wachsame, nervöse Tiere.

Durch Zufall stießen wir schon am ersten Morgen auf eine Art

Probe. Tish hatte sich in unserem Bach gewaschen und am Grund eines tiefen Beckens Knochen erspäht. Es waren offensichtlich Känguruknochen, und vermutlich hatte sie ein Jäger zurückgelassen, der sich einige Tage zuvor im Lager aufgehalten hatte. Während wir vom Ufer aus die Knochen betrachteten, die drei Meter tief im eisigen Wasser lagen, stellte sich die Frage, wer hinuntertauchen und sie heraufholen sollte. Wenn ich etwas hasse, dann ist es kaltes Wasser, weshalb ich mich etwas im Hintergrund hielt. Tish war dagegen in Schottland aufgewachsen und kannte keine Berührungsängste. Rasch hatte sie sich die Kleider abgestreift und war in den eisigen Bach gesprungen. Als sie zitternd und mit einer Gänsehaut wieder auftauchte, reckte sie triumphierend die großen Knochen und einen Schädel in die Luft. Zurück am Lagerfeuer starrten die drei einheimischen Jungen sie ungläubig an, so als käme für sie der Kontakt mit dem eisigen Wasser einem Selbstmord gleich.

Die Knochen waren zwar interessant, aber für die evolutionären Untersuchungen, die wir durchführen wollten, nur von begrenztem Wert. Nach einigen Tagen hatte ich schon die Hoffnung aufgegeben, dass wir einen besseren Fund machen würden, als ein Hund in unser Felslager streunte. Ein halbe Stunde später folgte ein weiterer, und schließlich trat ein kleiner, grauhaariger Mann mit nur einem Arm an unser Feuer. Er stellte sich als Agevagu vor und sagte, er sei gekommen, um uns bei der Kängurujagd zu helfen. Die Jungen waren aufgeregt und erklärten uns, Agevagu habe die Fähigkeit, Kängurus zu rufen. In Zeiten der Nahrungsmittelknappheit wie den unseren waren seine Zauberkräfte sehr willkommen.

Auch mit nur einem Arm schien Agevagu tatsächlich über besondere Kräfte zu verfügen, denn in den nächsten Tagen brachten er und seine Hunde die Tiere reihenweise in unser Lager. Natürlich half auch das Wetter, denn während der Trockenzeit halten sich die Kängurus gern in der Nähe von Bächen auf. Was immer sein Geheimnis war, Agevagu behielt es für sich, denn die Jungen, die wir mitgebracht hatten, fingen nichts. Überhaupt stiegen immer weniger junge Leute auf den Berg, um Kängurus zu fangen, erklärten sie uns. Es sei einfach zu anstrengend.

Das Schwarze Buschkänguru ist ein schlankes Tier mit großen, ausdrucksstarken Augen, kurzen Ohren und einer langen, eleganten Schnauze. Sein Fell ist glänzend schwarz; in der Halspartie ist es grob, aber am Rest des Körpers seidenweich. Wenn man es gegen den Strich streichelt, kommt darunter ein weißes Unterfell zum Vorschein. Wir staunten, dass einige Exemplare eine oder zwei schneeweiße Vorderpfoten hatten. Wir fragten uns, ob die hellen Pfoten vielleicht dazu dienen könnten, im dunklen Wald Zeichen zu geben oder die einzelnen Tiere der Gruppe auscinanderzuhalten. Wenn dem so wäre, dann ließe das auf eine entwickelte Sozialstruktur unter den Kängurus schließen, denn nur Tiere mit einer gewissen Ordnung innerhalb der Gruppe müssen einander auf größere Entfernung erkennen können.

Eine der sonderbarsten Eigenschaften der Schwarzen Buschkängurus waren die Klauen an den Hinterpfoten, die stark abgenutzt waren. Etwas Ähnliches hatte ich noch nicht gesehen. Dies konnte mit dem Leben in einer felsigen Umgebung zusammenhängen, doch die australischen Felskängurus haben ganz andere Klauen: Sie sind so klein und das Fußpolster so weit verlängert, dass sie vor der Abnutzung geschützt sind.

Auch der Schwanz des Schwarzen Buschkängurus ist sonderbar. Wie bei anderen Buschkängurus ist er gekrümmt, so dass nur die Spitze mit einem nackten, verhornten Knubbel den Boden berührt. Der Grund dafür ist unklar, aber es könnte sein, dass der sensible Schwanz auf diese Weise weniger leicht mit Blutegeln in Kontakt kommt, die in den Wäldern Neuguineas zahlreich vorkommen.

86

Eines Abends verriet uns Agevagu, dass er vor 34 Jahren Hobart Van Deusen von der Archbold-Expedition beim Kängurufang geholfen hatte. Das war also der Junge, den Van Deusen an der Seite des älteren Jägers gesehen hatte. Vielleicht wurden die Zauberkräfte und das Wissen um die Umwelt und Gewohnheiten der Buschkängurus von einer Generation zur nächsten weitergegeben. Auch Agevagus Hunde stammten vermutlich von denen ab, die Van Deusens Kängurus gefangen hatten, denn gute Jagdhunde sind eine unbedingte Voraussetzung für den Jagderfolg, weshalb die Stammbäume sorgfältig gepflegt werden.

Agevagu regte mich an, darüber nachzudenken, was einen guten Jäger ausmacht. Neben den Hunden spielt ein intimes Verständnis des Lebensraums und der Gewohnheiten des gejagten Tiers ein entscheidende Rolle. Und die angeblichen Zauberkräfte, mit denen er die Tiere herbeirief? Die werden durch ein Ritual beschworen. Ich konnte zwar Agevagus Jagdritual nicht beobachten, aber auf anderen melanesischen Inseln habe ich Jägern dabei zugesehen. Es handelt sich oft um komplexe Zeremonien mit Rauch und besonderen Speisen, die dazu dienen, das Band zwischen Jäger und Hunden zu kräftigen und die Hunde auf die Jagd einzustimmen. Vermutlich sind keine mystischen Kräfte am Werk, doch es ist unschwer zu erkennen, dass das Ritual den Jagderfolg verbessert.

Heute ist der Lebensraum des Schwarzen Buschkängurus auf eine Fläche von hundert Quadratkilometern zusammengeschrumpft – das Bergland von Goodenough auf einer Höhe von 1000 bis 1800 Metern. Von allen Känguru-Arten hat es damit mit den kleinsten Lebensraum und ist daher besonders gefährdet. Außerdem tragen die Weibchen immer nur ein Junges. Nur eines der von uns untersuchten fünf Weibchen trug ein Junges im Beutel, was auf eine sehr niedrige Fortpflanzungsrate schließen lässt. Auch aufgrund unserer Entdeckungen hat die International Union for

the Conservation of Nature (IUCN) das Goodenough-Buschkänguru als bedrohte Art eingestuft. Auch wenn es in einer kleinen
Region noch relativ häufig vorkommt, ist sein Lebensraum von
Feuer und Klimawandel bedroht. Eine Veränderung könnte sich
als Vorteil für die Buschkängurus erweisen: Junge Menschen kommen heute nur noch selten auf den Berg, und der Jagddruck wird
geringer. Wie ich dazu stehen soll, weiß ich allerdings auch nicht,
denn mit der traditionellen Jagd ist eine ganze Kultur verbunden,
und deren Verschwinden ist sicherlich ebenfalls bedauerlich.

Agevagu hatte seine Frau und einige andere Frauen mitgebracht, die nicht nur weibliche Gesellschaft für Tish bedeuteten,
sondern uns in die regionale Küche einführten. Sie bereiteten das
Kängurufleisch zu, indem sie es in Blätter schlugen, mit Kräutern
würzten und in traditionellen Steinöfen buken. Zuerst war mir
ein bisschen unwohl dabei, das Fleisch eines derart seltenen Tiers
zu essen. Aber unser Proviant ging zur Neige, und das Fleisch war
derart köstlich, dass ich meine Skrupel rasch über Bord warf.
Eines der Tiere konservierten wir in Formaldehyd. Es ist das
weltweit einzige Exemplar seiner Art und sollte ein Vierteljahrhundert später noch ein bemerkenswertes Geheimnis preisgeben.
Im Jahr 2010 analysierten Kollegen den Mageninhalt des Tiers.
Unter dem Mikroskop entdeckten sie Sporen von verschiedenen
Pilzen, darunter auch Trüffeln. Offenbar graben die Buschkängurus diese aus, fressen sie und verbreiten auf diese Weise die Sporen im ganzen Wald. Trüffel und andere Pilze sind ein wichtiger
Bestandteil des Ökosystems Wald und eine entscheidende Voraussetzung für dessen Artenvielfalt. Buschkängurus leisten also
einen wichtigen Beitrag zur Gesundheit des Waldes.

Während unseres Aufenthalts im Lager »Boitutudiadobodobona« entdeckten wir auch andere sonderbare Lebewesen. Ein
Nasenbeutler, von dem wir nur ein einziges Exemplar fanden,
hat sich bis heute nicht eindeutig bestimmen lassen. Da Kiriwina

vor 20 000 Jahren, als die Meeresspiegel tiefer lagen, mit Goodenough verbunden war, hoffte ich, dort auch *Echymipera davidi*
zu finden. Diese Art schien auf der Insel nicht vorzukommen;
offenbar wurde sie von einem Nasenbeutler ersetzt, der sich in
Größe, Färbung und Gebiss unterschied. Ich hatte keine Gelegenheit, das Tier vor meinem Abschied vom Australischen Museum zu beschreiben und zu benennen. Vielleicht werde ich irgendwann der Troughton eines noch nicht geborenen Säugetierfor-
schers, der sich von dem ausgestopften Tier in der Sammlung
inspirieren lässt, nach Goodenough zu fliegen oder die Museen
der Welt nach weiteren Exemplaren zu durchforsten, um es
gründlich zu beschreiben.

Ein Waldbewohner, dem wir häufiger begegneten, war ein röt-
lich grauer, auf Bäumen lebender Nager, der tagsüber an seine
Familie gekuschelt in Baumhöhlen hoch in den Baumkronen
schlief und nachts sein Nest verließ, um Früchte, Knospen und
Blätter zu fressen. Die Eingänge zu den Nestern sind schwer zu
erkennen, und ich fand sie nur dank der scharfen Augen unserer
jungen Begleiter aus dem Dorf. Manchmal legen die Nager ihre
Höhlen im senkrechten Stamm eines kräftigen jungen Baumes
an. Irgendwie schaffen sie es, ein Loch in den Stamm zu nagen,
wobei sie nur ein kleines Schlupfloch lassen. Innen erweitern sie
das Nest rasch zu einer Höhle, die sie mit Blätter und Moos aus-
kleiden. Das Nest ist immer nass, doch daran haben sich die
Baummäuse offenbar gewöhnt.

Diese Nager haben eine interessante Familienstruktur. In den
Nestern, die wir untersuchten, fanden wir immer ein Pärchen mit
zwei Generationen von Jungen, von denen die älteren schon er-
wachsen waren. Die Baummäuse bissen nie und waren vielleicht
die freundlichsten Nagetiere, die ich kenne. Sie gehen dauerhafte
Partnerbindungen ein und erlauben es ihrem Nachwuchs, bis ins
Erwachsenenalter zu Hause wohnen zu bleiben.

Nach einigen Tagen zwang uns der chronische Mangel an Nahrungsmitteln zu kreativen Lösungen. Eines Abends brachte ein Junge stolz einen erlegten Nashornvogel ins Lager. Der Vogel wird üblicherweise nur wegen seines Schnabels gejagt, der als Schmuck verwendet wird, denn er ist ein zähes Federvieh. Tish schlug vor, eine Nashornvogel-Gemüse-Suppe zu machen. Es ist vielleicht ein Zeichen für unseren damaligen Hunger, dass Lester und ich bis heute behaupten, Tishs Suppe sei die beste gewesen, die wir je gegessen haben.

Gegen Ende unseres Aufenthalts, als wir unseren Proviant fast vollständig aufgegessen hatten, überraschte uns Tish, als sie eine Dose aus den Tiefen ihres Rucksacks hervorzauberte. Es war das schottische Nationalgericht Haggis, und Tish meinte, es sei ein vorgezogenes Geschenk zu Saint Andrew's Day. Wir hatten zwar unsere Vorbehalte gegenüber dem Innereien-Mampf, aber wir schlangen alles hinunter. Der Hunger zwang uns schließlich, unser Lager zu verlassen. Wir wären gern noch geblieben, denn wir hatten uns bequem eingerichtet und hätten gern noch mehr Zeit gehabt, um die Fauna des Hochwalds von Goodenough zu erforschen.

Bei unserer Rückkehr ins Tiefland trafen wir auf eine angespannte Situation. Durch den Hunger und die nicht enden wollende Dürre lagen die Nerven ohnehin schon blank, doch nun hatte ein schwerer Verstoß gegen die Ordnung die Lage in ein Pulverfass verwandelt. Als wir das Dorf betraten, rochen wir es schon. Am Abend vor unserer Ankunft auf der Insel war ein Mann gestorben. Am Rand des Dorfes war ein Gerüst aufgebaut worden, und auf dem lag der aufgeblähte Leichnam nun schon seit über einer Woche. Es gehört zu den traditionellen Bestattungsriten der Region, den Verstorbenen auf einem Gerüst aufzubahren, doch üblicherweise wird der Körper begraben, ehe er zum Ärgernis wird. In diesem Fall handelte es sich bei dem Verstorbenen um einen älteren, angesehenen Mann, der jedoch aufgrund einer schweren Familienschande noch nicht beigesetzt worden war. Das Dorfoberhaupt erklärte uns, der älteste Sohn des Verstorbenen sei nicht zum Begräbnis erschienen, doch ohne diesen konnte die Zeremonie nicht stattfinden.

Besagter Sohn war einige Monate zuvor nach Port Moresby geschickt worden, um mit den Ersparnissen der Dorfbewohner ein neues Fischerboot zu kaufen. Die Dörfler hatten gewartet und gewartet, doch weder der Mann noch das Boot oder das Geld waren aufgetaucht. Die Schande, mit einem Dieb verwandt zu sein, hatte einen der Brüder in den Wahnsinn getrieben, und die Tochter des Mannes war krank geworden – man munkelte, ein unversöhnlicher Nachbar habe sie verhext. Und dann war zu allem Überfluss der Vater gestorben.

Als wir das Flugzeug nach Alotau bestiegen, lag ein schwerer Verwesungsgeruch über dem Dorf. Der Tote wurde nicht bestattet, um den verlorenen Sohn zur Heimkehr zu zwingen. Ich fragte mich, wer in diesem Streit als Erster nachgeben würde. Als wir aufbrachen, hatten sich einige Dorfbewohner zusammengerottet und versucht, den Leichnam beizusetzen. Dieser Versuch war vereitelt worden, und der Mann, der uns zum Flugzeug brachte, prophezeite, dass es zu Handgreiflichkeiten kommen werde. »Die Situation ist explosiv«, notierte ich in meinem Tagebuch, während wir auf den Abflug warteten.

Wieder im Australischen Museum zurück, hatten wir genug Material, um die Säugetierfauna der besuchten Inseln zu beschreiben. Unsere Erkenntnisse sollten später Maßnahmen zum Artenschutz ermöglichen. Aber wir hatten größere Ambitionen. Wenn wir die zoogeographischen Muster der Region verstehen wollten, mussten wir weitere Inseln besuchen. Die Planung neuer Expeditionen nahm einen großen Teil des folgenden Jahres in Anspruch.

5
DIE LEPRAINSEL

Die *Sunbird* war die ideale Plattform für unsere Forschungsarbeit auf den Inseln. Im Jahr darauf brach sie von Cairns aus zu einem noch ehrgeizigeren Projekt auf. Sie sollte im Norden bis an die Westküste von Neubritannien segeln und unterwegs Wissenschaftler auf der Insel Normanby im D'Entrecasteaux-Archipel sowie auf Sideia in der Nähe von Samarai aussetzen. Auf diese Weise sollten wir auf einer einzigen Reise vier Inseln erforschen. Bedauerlicherweise hatte ich andere Verpflichtungen, weshalb die Leitung der komplizierten Expedition von Tish Ennis übernommen wurde, die inzwischen eine kompetente Forscherin und Organisatorin geworden war. Sie teilte sich die Verantwortung mit Lester Seri, der von Port Moresby nach Alotau geflogen war und dort zu den Forschern aus Sydney stieß.

Auf dem Weg nach Norden sollte die *Sunbird* auf jeder Insel einen erfahrenen Wissenschaftler oder ein Team absetzen und auf dem Rückweg wieder einsammeln. George Hangay, Präparator des Australischen Museums und ein erfahrener Feldforscher, sollte auf Sideia, der östlichen Nachbarinsel von Samarai, an Land gehen. Wir hatten keine Aufzeichnungen über Säugetiervorkommen auf Sideia gefunden, doch aus zoogeographischer Sicht war die Insel hochinteressant. Das nur 89 Quadratkilometer große Eiland liegt genau östlich der Südspitze von Neuguinea und war vermutlich vor 20 000 Jahren, als die Meeresspiegel deutlich niedriger lagen, über eine Landbrücke mit dem Festland verbunden. Damals lebten hier vermutlich sämtliche

Säugetierarten, die auch im Tiefland Neuguineas vorkommen. Ich wollte herausfinden, wie es diesen Arten ergangen war. Waren einige in Folge der Isolation auf dieser kleinen Insel ausgestorben? Mit Fragen wie diesen beschäftigt sich die Wissenschaft der Zoogeographie. Sie sind besonders relevant bei der Errichtung von Nationalparks und Schutzgebieten, die im Grunde nichts anderes sind als Inseln inmitten der menschlichen Zivilisation. Diese Untersuchungen zeigen, dass bestimmte Arten aussterben können, wenn die Schutzgebiete oder Inseln zu klein sind. Aber wie groß muss ein Stück Regenwald von Neuguinea sein, damit seine Fauna überlebt? Diese Frage ließ sich vielleicht auf Sideia beantworten.

Da viele Exemplare der Säugetierabteilung ausgestopft werden müssen, arbeitete ich eng mit dem Präparator George Hangay zusammen. Ich lernte seine Fähigkeiten sehr zu schätzen und arbeitete gern mit ihm zusammen. George erzählte mir, er habe mit zwölf Jahren sein erstes Tier ausgestopft, und seither habe ihn die Leidenschaft nicht mehr losgelassen. Der gebürtige Ungar war als Feldforscher weit herumgekommen und hatte unter anderem in den Bergen von Neuguinea und Borneo gearbeitet. Mit seinem kräftigen, muskulösen Körper, seinem dichten schwarzen Bart, seiner Hakennase und den tiefliegenden Augen, die glühten wie Kohlen, war er eine eindrucksvolle Gestalt. Ich erinnere mich, wie ich ihn eines Abends in seinem Labor besuchte und durch ein Fenster schaute, während er drin arbeitete. Auf dem schwach beleuchteten Tisch vor ihm lagen Knochen, Modelle von Organen und nachgebildete Saurierköpfe herum. Er stand über einen dampfenden Kessel gebeugt, in dem ein großes Tier lag, während ihm sein Assistent ehrfürchtig über die Schulter blickte. Die beiden sahen aus wie ein Hexenmeister und sein Lehrling, die einen Zaubertrank zusammenbrauen.

Für George war das Leben im Museum keineswegs immer einfach gewesen. Er hatte gelegentlich Nebenjobs angenommen, die von einigen Kollegen mit Stirnrunzeln betrachtet wurden, obwohl sie dem Museum keinerlei Kosten verursachten. Zum Beispiel kam einmal eine Frau zu ihm, die einen vollständigen Körperabdruck von sich anfertigen lassen wollte. Sie war Mitte dreißig und wollte, dass ihr Körper auf dem Höhepunkt seiner Schönheit für alle Ewigkeit bewahrt werde. Aber am kniffligsten waren die kleinen Aufträge. Eines Tages stand eine alte Dame in der Tür des Museums und bat tränenüberströmt, den Präparator sehen zu dürfen. Ihr Wellensittich und einziger Lebensgefährte Cyril war verstorben, und sie hatte seinen kleinen Leichnam in ihrer Handtasche mitgebracht. »Könnte das Museum ihn nicht ausstopfen?«, fragte sie. George hatte ein gutes Herz und erklärte sich bereit, das Tierchen gegen einen symbolischen Betrag auszustopfen. Es war der Freitag vor einem langen Wochenende, und George hatte es eilig, nach Hause zu kommen. So kam es, dass er Cyril vergaß und auf seinem Arbeitstisch liegenließ, statt ihn ins Gefrierfach zu legen. Als er am folgenden Dienstag wieder am Arbeitsplatz erschien, war Cyril längst verwest.

George hatte bergeweise Arbeit und verdrängte das Missgeschick. Doch dann kam die alte Dame wieder. George spielte auf Zeit und erklärte ihr, es sei immens kompliziert, ein so kleines Tier auszustopfen. Die Dame ließ sich nicht abwimmeln und spürte vermutlich, dass es sich um eine Notlüge handelte. Sie drohte, mit dem Direktor des Museums zu sprechen. George war entsetzt. Der Direktor würde annehmen, dass er mit den Materialien des Museums auf eigene Rechnung arbeitete. In der Mittagspause durchforstete er eine Tierhandlung nach der anderen auf der Suche nach einem Wellensittich, der Cyril ähnlich sah. Doch Cyril hatte eine eigenwillige Federzeichnung, und George fand keinen, der so aussah wie er.

Wieder im Museum, klingelte das Telefon. George brach in Schweiß aus, als er hörte, dass die alte Dame am Empfang auf ihn wartete. Auf dem Weg durch die Gänge überlegte er fieberhaft, was er ihr sagen könnte. Er hatte schon fast beschlossen, ihr die Wahrheit zu gestehen und die Konsequenzen auf sich zu nehmen, als ihm ein Geistesblitz kam. Mit niedergeschlagenen Augen erklärte er der Dame, beim Häuten des armen Vögelchens habe er Anzeichen einer Krankheit entdeckt. Aus Furcht, Cyril könnte etwas Ansteckendes gehabt haben, habe er den Quarantänedienst gerufen, und zu seinem Entsetzen habe ihm der Beamte versichert, der Wellensittich sei an der *Pest* gestorben! Gegen den heldenhaften Widerstand Georges habe der Beamte das Tierchen mitgenommen, um es in einer Spezialanlage zu verbrennen. Später wurde George von Schuldgefühlen übermannt, weil er der alten Dame dieses Märchen aufgetischt hatte. Er bastelte einen kleinen Sarg und füllte ihn mit Ascheresten aus seinem Grill. Den Sarg samt Asche übergab er der alten Dame.

❉

Sideia schien der perfekte Ort für George: ein Tropenparadies, in dem es von Käfern und Säugetieren nur so wimmelte. Wir hatten erwartet, dass er erholt und zufrieden zurückkommen würde, mit Notizbüchern voller wissenschaftlicher Beobachtungen. Aber als die *Sunbird* auf ihrer Rückfahrt einige Wochen später an der Insel anlegte, um ihn abzuholen, war weit und breit kein George zu sehen. Ich war schon wieder im Museum und erhielt einen Anruf von einer zutiefst besorgten Tish, die mir erzählte, George sei spurlos verschwunden, und niemand auf der Insel schien zu wissen, wo er geblieben war. Einige Tage lang befürchtete ich das

Schlimmste und wurde von Albträumen heimgesucht, in denen George von Krokodilen aufgefressen oder von Piraten entführt wurde. Zu unserer Erleichterung tauchte er einige Tage später im Australischen Museum auf, lange vor der Ankunft der *Sunbird*. Bei einer Tasse Tee gab er mir seine sorgfältig geführten Notizbücher und berichtete mir, was passiert war.

Bei seiner Ankunft war er begeistert von Sideia und hatte sein Lager ein wenig abseits der Siedlung aufgeschlagen. In der ersten Woche beobachtete er elf Säugetierarten, darunter sechs Fledermausarten, die auf der Insel heimisch waren. In Gesprächen mit den Inselbewohnern erfuhr er, dass einige der auf dem Festland lebenden Arten auf der Insel unbekannt waren. Ich freute mich über die Gründlichkeit seiner Untersuchung, denn nun konnten wir das Artensterben nach der Trennung der Insel vom Festland rekonstruieren. Schon auf den ersten Blick wurde klar, dass es sehr schnell erfolgt sein musste, denn bei einer ähnlichen Untersuchung auf dem Festland von Neuguinea wären doppelt oder dreimal so viele Arten festgestellt worden. Auch George war zufrieden, denn da die Fauna so übersichtlich war, konnte er seinen eigenen Interessen nachgehen und Käfer sammeln. Zu meiner Verwunderung hatte er außerdem Hunderte riesige Aga-Kröten mitgebracht, die ebenfalls auf der Insel lebten.

George erzählte, er habe auf Sideia geschlemmt wie ein König. Jeden Abend brachte ihm eine Frau aus dem Dorf leckere Krabben, die sie ihm eigenhändig aufbrach, um ihm den Ärger zu ersparen. Trotz der Idylle und der leckeren Mahlzeiten zeigen Georges Aufzeichnungen, dass er zu diesem Zeitpunkt nicht sonderlich entspannt war. »Sideia ist kein gesunder Ort«, notierte er und meinte damit die vielen Inselbewohner, die offenbar an Haut- und anderen Problemen litten. Seiner Köchin fehlten einige Finger, aber das war auf Neuguinea eigentlich kein ungewöhnlicher Anblick, da sich viele Frauen als Zeichen der Trauer um verstorbene Angehörige einen Finger abschneiden. Ansonsten schien mit der Frau alles in Ordnung zu sein.

Vielleicht waren es die Krabben, vielleicht war es etwas anderes, jedenfalls litt George an einer leichten Magenverstimmung. Die Dorfbewohner sagten ihm, jeden Sonntagmorgen komme ein Arzt in die nahe gelegene Missionsstation, also machte sich George auf den Weg. Zu seiner Verwunderung stand am Tisch vor der Klinik die Hälfte der Inselbevölkerung Schlange. Auf dem Tisch stand ein mit Pillen gefülltes Glas mit der Aufschrift »Lerpa«. »Was ist Lerpa?«, fragte George, während sich sein Magen zusammenkrampfte. Dann erinnerte er sich an seine Köchin mit dem freundlichen Lächeln und den Fingerstümpfen, die ihm im Schein des Feuers die Krabben aufbrach. Entsetzt erkannte er, dass Sideia eine Leprakolonie war. Ohne es zu bemerken, hatte er wochenlang unter Leprakranken gelebt!

Georges Notizbuch lässt nur ahnen, wie er sich nach dieser Entdeckung gefühlt haben mag: »Die Leprakolonie war geschlossen worden und die Kranken hatten sich auf die ganze Insel verteilt. Besuchern wurde geraten, nicht in den Dörfern zu bleiben und keine örtlichen Nahrungsmittel zu sich zu nehmen.« Er gestand mir, dass er Angst hatte, er könne sich angesteckt haben. Er hatte keine Sekunde zu verlieren. Also packte er seine Instrumente und die gesammelten Exemplare und ließ sich von einem Kanu auf die nächste Insel bringen – nur weg von Sideia!

In seiner Aufregung bemerkte George, dass er dringend ein stilles Örtchen aufsuchen musste. Die einzige Toilette in der Nähe war ein Holzhüttchen mitten im Mangrovensumpf, zu dem man nur über einen langen, wackeligen Steg gelangte. Vielleicht dachte George an die Krabben, als er dem Hüttchen zustrebte, jedenfalls achtete er nicht auf das Knacken der morschen Bretter unter seinen Füßen. Kaum hatte er sich erleichtert, hörte er ein finales Krachen. Die schwächliche Konstruktion, die nicht für das Gewicht eines Wrestlers ausgelegt war, gab unter ihm nach, und George stürzte aus einiger Höhe in den stinkenden Morast aus Sumpf und menschlichen Fäkalien. »Ich habe bis zum Hals in der Lepratoilette gesteckt und musste mit einem Strick aus dem Dreck gezogen werden«, erzählte er mir.

Diese Begegnung mit dem Leprabakterium war zu viel für den furchtlosen Präparator. Über und über beschmutzt und einigermaßen erregt brach er auf, doch seine Irrfahrt war noch nicht zu Ende. Am Morgen hatte er Bekanntschaft mit einigen unangenehmen Ameisen gemacht, von denen sich einige in sein Ohr verirrt hatten. Er hatte sich Mortein in den Gehörgang gesprüht, aber die Dosis hatte offenbar nicht gereicht. »Auf dem Weg zwischen den beiden Inseln ist eines der Scheißviecher wieder zu sich gekommen.«

Die Strömung in der China-Straße ist stark, und Georges Kanu war überladen. So sehr er paddelte, er kam einfach nicht voran. Im Gegenteil, die Strömung trieb ihn von Samarai weg. Die Dunkelheit zog herauf und George spürte, wie ihn langsam die Verzweiflung packte. Stundenlang trieb er mit den Gezeiten hinaus, doch gegen Mitternacht schwächte sich die Strömung ab, und George sah in der Ferne ein winziges Licht. Er paddelte darauf zu und erkannte bald, dass es sich um das Glimmen einer Zigarette handelte. Auf einer Nachbarinsel von Sideira genoss jemand ein einsames Kippchen am Strand und rettete George damit vielleicht das Leben. Aber noch immer hatte er sein Abenteuer nicht überstanden. Als George aus seinem Kanu stieg, trat er auf ein riesiges Salzwasserkrokodil, und als er zurück ins Kanu sprang, brachte er es beinahe zum Kentern, sehr zur Erheiterung des Einheimischen am Strand. Nach einer kurzen Rast schlug sich George nach Port Moresby durch und flog von dort aus zurück nach Sydney.

Warum George fässerweise eingelegte Aga-Kröten mitgebracht

hatte, verstand ich erst einige Monate später. Er hatte die Kröten ausgestopft, in barocke Kostüme gesteckt, die seine Frau genäht hatte, und zu Miniorchestern aufgebaut. Die Krötenmusiker standen auf ihren Hinterbeinen oder saßen auf Stühlchen und hielten kleine Geigen und Trompeten in den Händen. Dank Georges Kunst sah es so aus, als würden sie sich bewegen, und in ihren Gesichtern spiegelte sich die Konzentration und Leidenschaft menschlicher Musiker wider. Seine Ensembles waren ein Triumph der Taxidermie, den ich bei der Vorbereitung der Expedition kaum erwartet hätte.

Im Vergleich mit Georges Abenteuern verliefen die Expeditionen der übrigen Mitreisenden der *Sunbird* eher langweilig. Pavel German und Lester Seri waren auf Normanby an Land gegangen, das wie Goodenough und Fergusson zu den D'Entrecasteaux-Inseln gehört. Normanby ist unter anderem deshalb bemerkenswert, weil es der einzige Ort in Melanesien ist, in dem ein fleischfressendes Beuteltier lebt. Der Raubbeutler von Normanby ist ein Verwandter der australischen Breitfußbeutelmaus, und bis dahin war nur ein einziges Exemplar beobachtet worden, das die Archbold-Expedition vierzig Jahre zuvor mitgebracht hatte. Wir wollten mehr über dieses Tier in Erfahrung bringen, doch leider versteckte es sich erfolgreich vor unseren Wissenschaftlern.

Pavel und Lester machten allerdings eine Entdeckung, die mindestens ebenso aufregend war. Auf den D'Entrecasteaux-Inseln lebte eine hübsche Baummaus mit rötlichem Fell und langem Greifschwanz. Das Tier ist fast so selten wie der Raubbeutler und war bislang nur durch zwei Exemplare bekannt, eins von Goodenough, das andere von Fergusson. Es gelang Pavel, auf Normanby ein Exemplar zu fotografieren und zu fangen und damit zu beweisen, dass die Maus auf allen drei Inseln der Gruppe vorkommt. Abgesehen von Pavels Notizen über seinen Lebensraum weiß man nichts über das geheimnisvolle Tier.

Tish war zur Südküste von Neubritannien im Bismarck-Archipel gesegelt. Es war unsere erste Expedition zu dieser großen Inselgruppe, und sie hatte dort zahlreiche Säugetierarten angetroffen. Zu ihren interessantesten Mitbringseln gehörte ein Exemplar der spektakulären Bismarck-Riesenratte. Sie ist ungefähr so groß wie eine kleine Hauskatze und eines der schönsten Nagetiere, das ich kenne. Ihr Fell ist mit langen Deckhaaren durchsetzt, die dunkel kupferfarben schimmern.

Tishs Expedition bestätigte, dass der Bismarck-Archipel ein Rätsel ist. Obwohl er zu den größten im Pazifik gehört und in der Nähe von Neuguinea liegt, gibt es hier kaum endemische Ratten- oder Fledermausarten und keine endemischen Beuteltiere. Vielleicht sind die Inseln noch nicht alt genug, um eigene Arten hervorzubringen. Mit einem Alter von weniger als einer Million Jahren sind einige geologisch sehr jung. Aber es gibt auch Hinweise, dass der Archipel einst weiter von Neuguinea entfernt war als heute, was die Besiedlung vom Festland her erschwerte. Um mehr herauszufinden, waren weitere Untersuchungen erforderlich, und die Möglichkeit dazu sollte sich schon bald ergeben.

II

DER BISMARCK-ARCHIPEL

PAZIFISCHER OZEAN

Mussau

Manus Lorengau

Admiralitätsinseln

Bismarck-Archipel

Kavieng

Vokeo

Wewak

Bismarck-See

Neuirland

PAPUA-
NEUGUINEA

Neubritannien

Salomonensee

D'Entrecasteaux-
Inseln

Port Moresby

0   50   100   150 km

Die Geschichte der menschlichen Besiedlung des Bismarck-Archipels reicht 33 000 Jahre zurück. Damals ließen sich melanesische Seefahrer auf den Inseln nieder. Vor rund dreieinhalbtausend Jahren folgten die Polynesier und siedelten auf Koralleninseln und anderen Orten, die ihrer Lebensweise und ihren handwerklichen Fähigkeiten entsprachen. Die alten und neuen Siedler entwickelten sich nebeneinander, und die heutige indigene Kultur des Archipels spiegelt beide Gruppen wider. Die niederländischen Seefahrer Jacob le Maire und Willem Schouten waren die ersten Europäer, die den Archipel sichteten, und zwar im Jahr 1616. Später kamen immer wieder Europäer vorbei, darunter auch William Dampier, doch erst gegen Ende des 19. Jahrhunderts wurde der Bismarck-Archipel zur Kolonie.

Die ersten Besiedlungsversuche durch Europäer erfolgten sporadisch und hatten etwas Verrücktes an sich. In den siebziger und achtziger Jahren des 19. Jahrhunderts schickte der französische Adelige Marquis de Rays vier Schiffe mit Siedlern nach Neuirland. Der Marquis, der Melanesien nie betreten hatte, war ein gefährlicher Exzentriker und Spinner, der sich von den Reiseberichten verschiedener Entdecker inspirieren ließ. Im Jahr 1877 nannte er sich selbst Charles, König von Neufrankreich, ein Phantasiereich von unbesiedelten Inseln im Pazifik. Mit der Behauptung, er handele im Interesse der römisch-katholischen Kirche, prellte er seine französischen Anhänger um sieben Millionen Franc.

De Rays feierte die Wunder seines Königreichs mit Plakaten, Anzeigenkampagnen und einer Zeitschrift, die er selbst veröffentlichte. Er gab vor, auf Neuirland eine blühende Hafenstadt namens Port Breton gegründet zu haben, die angeblich von fruchtbarstem Ackerland umgeben war. Das sei die Hauptstadt seines großen Reichs, verkündete er. Die Geschichte fand Anklang, und bald darauf bestiegen Einwanderer die Schiffe mit Möbeln für das nicht existierende Rathaus und andere Gebäude von Port Breton – und zahlten horrende Summen für dieses Privileg. Hunderte gewöhnliche Bürger aus Frankreich, Italien, Deutschland und anderen europäischen Ländern gingen dem Betrüger auf den Leim. Das Ergebnis war immer wieder dasselbe: Enttäuschung, Verderben und Tod. Doch die Leichtgläubigen standen weiter Schlange.

Die vierte Expedition nahm vielleicht den katastrophalsten Verlauf. Im Jahr 1880 brachen 570 überwiegend aus Deutschland, Italien und Frankreich stammende Siedler nach Neuirland auf. Sie glaubten, sie seien zur geschäftigen Hauptstadt des Königreichs Neufrankreich unterwegs, doch sie wurden in einem gottverlassenen Loch abgeladen, wo es so viel regnete, dass selbst die Ureinwohner diesen Teil der Insel mieden. Inmitten des dichten Urwalds luden die Siedler ihre Kisten auf dem Strand ab, doch als sie diese öffneten, fanden sie zu ihrem Entsetzen nur Hunderte von reich verzierten Hundehalsbändern und anderen Tand, aber kaum Werkzeuge oder landwirtschaftliche Geräte. Zwei Monate später wurden zweihundert Siedler Opfer von Malaria, anderen Krankheiten und Hunger. Der Rest war entweder aufgebrochen, um Hilfe zu holen, oder wartete verzweifelt auf Rettung. Schließlich ließen sich die betrogenen Siedler in Sydney und Neukaledonien nieder.

Der Irrsinn fand erst 1884 ein Ende, als Deutschland den Bismarck-Archipel, Bougainville und den Norden Neuguineas zu seinem Schutzgebiet erklärte. Der deutsche Name Bismarck-Archipel hat sich bis heute gehalten. Die Deutschen selbst blieben allerdings nur bis zum Ausbruch des Ersten Weltkriegs, denn 1914 nahmen australische Truppen die deutschen Siedlungen ein. Im Vertrag von Versailles des Jahres 1919 kam die Region unter australische Kolonialherrschaft, wo sie bis zur Unabhängigkeit Neuguineas im Jahr 1975 blieb. Dieser bewegten menschlichen Geschichte verdankt der Bismarck-Archipel seine heutige Kultur.

Bei meiner Rückkehr von den Inseln südöstlich von Papua erfuhr ich, dass der Archäologe Peter White von der Sydney University in einer Höhle auf Neuirland Ausgrabungsarbeiten durchführte. Er benötigte Unterstützung, um die Tausenden von Knochen – Überreste uralter Mahlzeiten – zu identifizieren, und bat mich um Hilfe. Er wollte Mitte 1988 nach Neuirland zurückkehren, und ich sollte ihn begleiten. Diese Chance durfte ich mir nicht entgehen lassen, denn ich konnte nicht nur die gegenwärtige Fauna der Inseln erforschen, sondern durch die Knochen auch erfahren, wie sie sich im Laufe der Jahrtausende verändert hatte. Also brach ich im Juni 1988 wieder nach Norden auf, in Richtung der nördlichsten Inseln Papua-Neuguineas.

6
ZU GAST BEI FREUNDEN

Wie oft habe ich die Vogelkundler beneidet, mit denen ich zusammenarbeite! Während ich bei Tagesanbruch längst auf den Beinen bin und meine Fallen und Netze abgehe, liegen sie noch in ihren Schlafsäcken und lauschen dem Gesang der Vögel. Wenn ich dann nass, hungrig und oft mit leeren Händen zurückkomme, haben sie schon Aufnahmen von einem Drittel aller Vögel einer Insel gemacht. Dafür habe ich einen Vorteil: Da Säugetiere sehr viel schwerer zu beobachten sind, gibt es meist noch mehr Arten zu entdecken als bei den Vögeln.

Da die Beobachtung von Säugetieren so arbeitsintensiv ist und eine große Vielfalt von Instrumenten erforderlich macht, ist ein Einzelner nicht in der Lage, auf einer großen Insel innerhalb weniger Wochen eine Bestandsaufnahme aller Arten durchzuführen. Bei den Vorbereitungen der Expedition zu den großen Inseln im Norden von Neuguinea arbeitete ich daher wieder mit Lester Seri und Tish Ennis zusammen. Sie hatten inzwischen große Erfahrung bei der Beobachtung von Säugetieren in freier Wildbahn gesammelt, und gemeinsam hatten wir gute Aussichten auf eine erfolgreiche Bestandsaufnahme. Die archäologischen Aufgaben und unsere eigenen Beobachtungen würden uns jedoch ziemlich auf Trab halten.

Bei der Planung unseres Flugs stellte ich fest, dass die Maschine von Port Moresby nach Kavieng auf Neuirland an jeder Milchkanne hielt und unter anderem auf der Admiralitätsinsel Manus zwischenlandete. Ein Zwischenstopp würde also keine zusätzlichen Kosten verursachen, und da ich Manus schon lange besuchen wollte, um einen großen Flughund zu beobachten, der dort vorkam, beschloss ich, eine Woche auf Manus zu verbringen, ehe ich auf Neuirland zu Peter White stieß.

Ein weiterer Grund für einen Besuch auf Manus war die Tatsache, dass Karol Kisokau, der Direktor der Behörde für Umwelt- und Artenschutz von Papua-Neuguinea und ein guter Freund, von dieser Insel stammte. Er hatte mir viel von seiner Heimat erzählt und mich oft gedrängt, der Insel einen Besuch abzustatten. Leider war kurz vor unserer Ankunft ein naher Verwandter Karols verstorben. Karol war mit den Vorbereitungen der Beisetzung beschäftigt und konnte sich nicht mit uns treffen, aber er öffnete uns viele Türen und sorgte dafür, dass unser Aufenthalt angenehmer und geselliger verlief als gewöhnlich.

Manus wurde im Jahr 1616 von dem niederländischen Entdecker Willem Schouten gesichtet und auf der Karte verzeichnet. Die Bewohner der Insel sind mutige Seeleute, die in ihren Kanus bis nach Neuguinea und, so ihr Seemannsgarn, sogar bis nach Singapur fuhren, weshalb Manus mit dem Rest der Welt in Verbindung stand. Auch die jüngste Geschichte war nicht spurlos an Manus vorübergegangen. Während des Zweiten Weltkriegs war die Insel ein wichtiger Brückenkopf auf General MacArthurs Vormarsch gegen die Japaner und hat seither einen Flottenstützpunkt, nämlich Lombrum im Osten der Insel. Den meisten Australiern ist Manus als möglicher Standort eines Lagers für Asylsuchende ein Begriff. Heute verfügt die Insel über eine florierende Wirtschaft und ein gutes Bildungssystem und hat zahlreiche der führenden Bürger von Papua-Neuguinea hervorgebracht.

Trotz seiner historisch guten Verbindung zum Rest der Welt ist Manus geographisch isoliert: Die Insel liegt Hunderte Kilometer westlich des Bismarck-Archipels und nördlich von Neuguinea.

Erstaunlicherweise verfügt sie trotzdem über eine reiche Fauna, darunter einige Vogel- und Säugetierarten, die nur hier vorkommen. Das hängt zweifelsohne mit der Größe, den fruchtbaren Böden und dem Alter der Insel zusammen. Der Artenreichtum hat jedoch noch eine weitere Ursache: Die Insel liegt mitten in einer gewaltigen Meeresströmung. Der Sepik, einer der größten Flüsse der Welt, mündet südlich von Manus ins Meer. Während des Hochwassers führt er gewaltige Mengen von pflanzlichem Material mit sich, an das sich alle möglichen Lebewesen klammern, um weit hinaus aufs Meer gespült zu werden.

Jahre nach meinem Besuch auf Manus konnte ich diese Strömung beobachten. Ich war unterwegs zur Insel Vekeo vor Wewak an der Nordküste von Neuguinea. Da die winzige Vulkaninsel keinen Flugplatz und auch sonst keine regelmäßige Verbindung zum Festland hat, musste ich ein Boot mieten, um übersetzen zu können. Als wir uns dem Streifen am Horizont näherten, blieb das Wasser bis weit hinaus aufs Meer trüb und süß. Als das Festland schon am Horizont verschwunden war, trieben riesige Pflanzenflöße majestätisch an uns vorbei. Sogar große Bäume schwammen aufrecht im Wasser und schienen sogar noch weiter zu grünen. Diese schwimmenden Inseln sind durchaus in der Lage, Possums oder Ratten auf ferne Inseln zu bringen. Sie waren vermutlich das wichtigste Transportmittel, mit dem Landsäugetiere das ferne Manus besiedelten.

Am Flughafen von Manus wurden wir von Karols Freunden abgeholt, die sich schon darauf freuten, uns zu unterhalten. Als wir in die Inselhauptstadt Lorengau kamen, in ein Motel eincheckten und Pläne für ein Abendessen schmiedeten, nahm die Expedition fast schon Urlaubscharakter an. Da wir spät angekommen waren und am nächsten Tag in Lorengau verschiedene Besorgungen machen mussten, beschlossen wir, auszuspannen und die Gastfreundschaft zu genießen. Bei Sonnenuntergang saßen wir am Strand, ein SP Brownie in der Hand, und genossen ein improvisiertes Meeresfrüchtebuffet unter einer Palme.

Bei unserem Gespräch erfuhren wir, wie umfassend und dauerhaft der Zweite Weltkrieg Manus verändert hatte. Auf vielen Inseln hatte die Ankunft von »Cargo« in Form von Jeeps, Waffen und anderem Kriegsmaterial sogenannte »Cargo-Kulte« ins Leben gerufen. Die Anhänger dieser Kulte glaubten, wenn sie nur genug beteten und Funkantennen aus Holz und Bambus bauten, dann käme der Cargo zurück. Eine Gruppe auf Vanuatu sammelte sogar Geld, um den Präsidenten der Vereinigten Staaten zu kaufen, weil sie in ihm die eigentliche Quelle des Cargo erkannten. Auf Manus war der Cargo jedoch sehr real und bis heute eine Quelle des Wohlstands: Da die Amerikaner nach Kriegsende nicht in der Lage gewesen waren, ihr gesamtes Material mitzunehmen, hatten sie es in Zelttuch gehüllt und vergraben. Ein Mann erzählte uns, erst eine Woche vor unserer Ankunft hätten Einheimische einen riesigen Schatz in Form von Wellblech ausgegraben. Das Material, das zum Bau von Dächern verwendet werde, sei deutlich besser als der Schrott, der heute in den Geschäften verkauft wird, und ein Vermögen wert, meinte er.

Nach Einbruch der Dunkelheit luden unsere Begleiter uns in eine Diskothek ein. Ich bin ein miserabler und unwilliger Tänzer, aber Lester und Tish wollten das Tanzbein schwingen, also schloss ich mich ihnen an. Der Schuppen, in den wir geführt wurden, erinnerte mich an eine australische Dorfdisko der sechziger Jahre. Eine Band spielte eigene Rocksongs, und in dem Laden drängten sich die Einheimischen. Tish wollte unbedingt tanzen, und als ein Mann bemerkte, dass ich mich nicht darum drängte, meine Begleiterin auf die Tanzfläche zu entführen, forderte er sie auf. Das Problem war nur, dass der Mann kaum einen Meter groß war und Tish ihre liebe Not hatte, ihn anzufassen. Nach einer Runde kehrte sie erleichtert an den Tisch zurück, doch schon spürte sie, wie sie wieder jemand am Ärmel zupfte. Sie konnte die Aufforderung nicht gut ablehnen. Beim Anblick der armen Tish, die mit angestrengtem Blick scheinbar allein tanzte, erbarmte ich mich. Nach einigen weiteren Tanzrunden flüchteten wir ins Motel.

Wir hatten Karols Freunden gesagt, dass wir den großen Flughund untersuchen wollten, der nur auf dieser Insel vorkam, und dass wir im Urwald Ratten fangen wollten. Sie meinten, mit dem Flughund hätten wir wohl kaum Glück, da er wenige Jahre zuvor durch eine geheimnisvolle Krankheit fast vollständig ausgerottet worden war. Obwohl wir weite Fahrten unternahmen, sahen wir kein einziges Exemplar, was mich verwunderte und besorgte, da Flughunde üblicherweise in großen und gut sichtbaren Kolonien nisten. Später erfuhren wir, dass die Art zwar nicht ganz ausgestorben war, dass es jedoch Jahre dauern würde, bis sie sich erholte. Die Beobachtung solcher Epidemien ist natürlich wichtig für den Artenschutz, da sie Inselarten bedrohen und durch menschliche Aktivitäten verbreitet werden können.

Bei den Ratten hatten wir mehr Glück. Auf Manus gibt es noch relativ große unberührte Wälder, und Karols Freunde schlugen vor, unser Lager in der Forschungsstation des Ministeriums für Land- und Forstwirtschaft in Polomou im Herzen der Insel aufzuschlagen. Polomou war ein Siedlerdorf mitten im majestätischen Urwald. Die Bäume waren höher und gerader als alle, die ich je in Melanesien gesehen habe, und verdanken ihre Pracht vermutlich der tiefen, roten Erde der Region. Wir fuhren mit PMV – einer Minibus-Linie, die das Rückgrat des nationalen Transportwesens darstellt – und bekamen ein Zimmer in der Anlage. So konnten wir schnell unsere Arbeit aufnehmen, Netze und Fallen aufstellen und uns auf eine Nacht im Urwald vorbereiten. Lester schien jedoch keine rechte Lust zu haben, sich der nächtlichen Exkursion anzuschließen.

Ich zog gern allein los und begann in den Gärten und dem auf-
geforsteten Waldstück der Forschungsstation. Die Einheimischen
hatten mir erzählt, auf der Insel gebe es zwei Arten von Ratten –
einen Baumbewohner mit rotem Fell und einen Erdbewohner mit
einer weißen Schwanzspitze. Da keine der beiden Arten bislang
wissenschaftlich beschrieben worden war, wollte ich herausfinden,
worum es sich handelte. Baumratten lassen sich oft nur durch
einen Schuss fangen, weshalb ich ein leichtes Gewehr mit feinem
Schrot dabei hatte. Kurz nach meinem Aufbruch kam ich an eine
Kakaoplantage, ein bevorzugter Lebensraum der Ratten. Viele
der Kakaoschoten waren von Ratten angenagt worden. Ich stand
im Dunkeln und lauschte. Es war eine herrliche Nacht, mond-
los, warm und feucht, und um mich herum zirpten die Insekten.
Nach einer Weile hörte ich ein Rascheln, und im Schein der
Taschenlampe sah ich einen großen Nager mit rotem Fell, der in
einem nahen Strauch saß und rasch auf einen Baum zu kletterte.
Ich drückte ab und hoffte, dass ich ihn betäuben und lebend fangen konnte.

Einen Moment lang wusste ich nicht, ob ich getroffen hatte,
dann entdeckte ich vor mir auf dem Boden eine Ratte, wie ich sie
noch nie gesehen hatte. Leider war sie tot. Bei genauerem Hinsehen erkannte ich, dass es sich um eine Baumratte der Art
Melomys rufescens (die rote Maus von Melanesien) handelte, die
auf dem Festland sehr häufig vorkommt. Doch diese Ratte war
riesig und etwa um die Hälfte größer als jede *Melomys rufescens*,
die ich je gesehen hatte. Auf Inseln passiert es immer wieder, dass
kleine Säugetiere im Laufe der Evolution wachsen, während große
schrumpfen. Im Labor in Sydney konnte ich nachweisen, dass es
sich um eine neue Art handelte. Ihr nächster Verwandter war *Melomys rufescens*, und ihre Vorfahren müssen vor gut einer Million
Jahren vom Sepik nach Manus gespült worden sein. Ich nannte sie
Melomys matambuai, nach Karol Kisokaus zweitem Vornamen.

Auf Manus kam ein weiteres Tier vor, über das ich mehr in Erfahrung bringen wollte: ein Tüpfelkuskus, der nur auf den Admiralitätsinseln heimisch ist und ein einmaliges, leuchtendes Fell hat. Die Weibchen sind rostrot und schwarz, die Männchen weiß mit schwarzen Tüpfeln. Obwohl die Tiere um Polomou häufig vorkommen, musste ich keines fangen, denn sie wurden auf dem Markt als Leckerbissen angeboten und an vielen Ständen lebendig in kleinen geflochtenen Käfigen verkauft. Sie waren so etwas wie das Brathuhn von Manus und kosteten umgerechnet nicht mehr als ein Hähnchen aus einem australischen Supermarkt.

Die Herkunft des Tüpfelkuskus von Manus ist ungeklärt. Seine eigentümliche Färbung und Form lassen darauf schließen, dass er sich seit langer Zeit unabhängig von den anderen Kuskus entwickelte. Doch bei den archäologischen Ausgrabungen auf Manus wurde er nur in Schichten gefunden, die wenige tausend Jahre alt sind. Vielleicht war er von einer anderen Insel nach Kuskus gebracht worden, aber bislang ist unklar, welche Insel das gewesen sein könnte. Vielleicht handelt es sich auch um eine Mischart.

Da viele Inseln nur schwer zugänglich sind, sammelte ich gern Vögel oder Reptilien für meine Kollegen vom Australischen Museum. Auf Manus gibt es eine Reihe von Vögeln, die nur hier vorkommen, und der Kurator der Vogelabteilung hatte mich um eine DNA-Probe des Lederkopfs von Manus gebeten. Umso mehr freute ich mich, als ich eines Nachmittags sah, wie einer dieser Vögel in ein Netz in der Nähe der Forschungsstation flog. Ich stand auf, um ein Röhrchen für eine Blutprobe zu suchen, doch Lester war schneller. Wie angestochen schoss er aus dem Stuhl, rannte zum Netz und befreite den Vogel, ehe ich ihm Blut abzapfen konnte. Diese Art werde von den Einheimischen verehrt, erklärte er mir, und wir sollten sie lieber in Ruhe lassen. Lester ist Biologe, aber er ist auch Melanesier. Er hat seinen eigenen Totemvogel, die Salvadorikrähe, der er keinen Schaden zufügen darf. In Fragen wie diesen war sein Rat immens wertvoll und half mir, schwierigen Situationen aus dem Weg zu gehen.

Unser Zwischenstopp auf Manus war zu kurz für eine umfassende Bestandsaufnahme. Umso mehr freute ich mich, dass wir mit der großen, roten Baumratte *Melomys matambuai* eine neue Art entdeckt hatten. Leider hatten wir nicht genug Zeit, die Erdratte mit der weißen Schwanzspitze zu finden, von der die Einheimischen berichtet hatten. Zuerst dachte ich, es könne sich um eine Wasserratte handeln, die auf vielen Inseln vorkam. Doch das war nicht der Fall: Kurz nach unserem Besuch wurden bei einer Ausgrabung in fünftausend Jahre alten archäologischen Schichten Kiefer gefunden, die möglicherweise von dieser Art stammen. Sie wiesen auf die Existenz einer großen, bislang unbekannten Art mit einem kräftigen Gebiss hin.

Wir konnten allerdings nicht wissen, ob es sich tatsächlich um die Art handelte, die nach Auskunft der Einheimischen heute in den Wäldern der Insel lebt. Doch in den neunziger Jahren fand ein amerikanischer Student bei einem Besuch auf der Insel das Skelett einer unlängst verstorbenen Ratte, deren Kiefer mit den archäologischen Funden übereinstimmte. Die Art wurde bis heute nicht wissenschaftlich beschrieben, und kein Biologe hat das Tier je lebend gesehen. Dass ein derart eindrucksvolles Tier, das relativ einfach aufzuspüren sein sollte, noch zu Beginn des 21. Jahrhunderts nicht von Wissenschaftlern beschrieben und benannt worden ist, zeigt, wie viel wir noch über die Säugetiere der Pazifikinseln lernen müssen.

Bei der Beobachtung von großen, erdlebenden Ratten wie der geheimnisvollen Art von Manus werden oft herkömmliche Rattenfallen verwendet. Sie sind leichter und daher einfacher zu transportieren als die Kastenfallen, die ich bevorzugte. Sie haben allerdings den Nachteil, dass sie die Ratten töten. Und sie haben noch einen weiteren Haken: Sie verschwinden oft, weil die Einheimischen sie zu Hause zur Bekämpfung von Ratten verwenden. Trotzdem hatten wir oft einige hundert im Gepäck, die wir zum Abschluss unserer Expeditionen verschenkten.

✳

Da wir so viele Fallen benötigten, wollte ich sie direkt beim Hersteller kaufen. Der einzige Hersteller in Sydney war die Supreme Rat Trap Company im Vorort Mascot. Ich stattete dem Unternehmen einen Besuch ab und kam aus dem Staunen nicht heraus. Die Fabrik war in der Nähe des Flughafens in einem Schuppen untergebracht, der noch aus der Zeit der Weltwirtschaftskrise in den dreißiger Jahren stammte. Als ich durch die knarrende Tür eintrat, hatte ich das Gefühl, hier sei die Zeit stehengeblieben. Als Theke diente eine gläserne Vitrine, in der die verschiedenen Modelle ausgestellt wurden. Daneben stand ein Schild mit der vielsagenden Aufschrift »Museum für Rattenfallen«. Hier nahm man Fallen und ihre Erfinder offenbar sehr ernst.

Hinter der Theke saß ein Mann, der mich ein wenig an den britischen Komiker Benny Hill erinnerte.

»Was kann ich für Sie tun?«, flüsterte er.

Während ich ihm mein Anliegen erläuterte, sah ich aus dem Augenwinkel eine sonderbare Maschine, die den größten Teil des Schuppens einnahm. Mit ihren Speichenrädern, Keilriemen und schier endlosen Drahtknäueln sah sie aus, als käme sie direkt aus einem surrealistischen Film. Auf der einen Seite wurden Holz, Bleche und Drähte eingespeist, und auf der anderen wurden die fertigen Fallen ausgespuckt. Ein Zählwerk, das oben angebracht war, zählte die fertigen Fallen. Ich beobachtete, wie der Zähler mit einem präzisen Klicken von 23 735 491 auf 23 735 492 sprang.

Offenbar war mir die Verwunderung ins Gesicht geschrieben,

denn der Mann erklärte mir stolz, die Maschine sei seit 1931 in Betrieb und habe drei Generationen seiner Familie ernährt. Ihr Erfinder war sein Vater, der sich an den Spruch gehalten hatte, dass der ein gemachter Mann sei, der eine bessere Mausefalle erfinde.

Während er mich herumführte, sah ich in einer Ecke des Schuppens einen alten Mann, der mit einer Decke über den Knien vor einem elektrischen Heizgerät saß. Seine Augen waren starr auf das Zählwerk der Maschine gerichtet, und während er zusah, wie die Zahl der gefertigten Fallen stieg, reichte ihm eine junge Frau eine Tasse Tee. »Das ist mein Vater, der Erfinder«, sagte der Mann. »Und meine Tochter.«

Die Supreme Rat Trap Company gibt es längst nicht mehr, und der Stadtteil, in dem sie sich befand, wurde vollkommen umgestaltet. Manchmal ist es schwer zu sagen, was sich schneller verändert: meine eigene Kultur oder die Kultur und Fauna der Pazifikinseln.

7

EINE ZEITREISE NACH NEUIRLAND

Nach unserem Abschied von unseren neuen Freunden auf Manus flogen wir weiter nach Kavieng, der Hauptstadt der Insel Neuirland im Bismarck-Archipel. Mit einer Fläche von rund 7000 Quadratkilometern hat Neuirland eine beachtliche Größe, obwohl sie damit noch weit hinter ihrem südlichen Nachbarn Neubritannien zurückbleibt, die mit 35 000 Quadratkilometern eine der größten Inseln des Pazifiks ist. Vor unserer Expedition ging man gemeinhin davon aus, dass die Fauna beider Inseln weitgehend identisch sei, weshalb viele Säugetier-Exponate in Museen einfach mit »Bismarck-Archipel« gekennzeichnet waren und von jeder der beiden Inseln stammen konnten. Doch geologische Untersuchungen ergaben, dass die beiden Inseln ganz eigene Geschichten hatte. Sie waren während der Eiszeit nie über eine Landbrücke miteinander verbunden gewesen, was vermuten ließ, dass sich ihre Fauna zumindest geringfügig unterschied. Während einer früheren Expedition hatte Tish auf Neubritannien Riesenratten und Nasenbeutler beobachtet. Kamen sie auch auf Neuirland vor? Und gab es auf Neuirland Arten, die nicht auf Neubritannien lebten?

Neuirland ist 360 Kilometer lang und erinnert von der Form her ein wenig an eine Keule. Am dicken Ende im Südosten befinden sich die wilden Hans-Meyer-Berge, und am schmalen Griffende im Nordwesten liegt die verschlafene Provinzhauptstadt Kavieng, das Verwaltungszentrum der einstigen deutschen Kolonialherrscher. Auf dem sandigen Friedhof des Ortes steht der beeindruckende Grabstein von Franz Bulominski, eines gefürchteten deutschen Verwalters. In einer Beschreibung hieß es, er habe sich durch »eine eiserne Hand, ein feuriges Auge, eine furchteinflößende Präsenz und eine unermüdliche Kraft«[7] ausgezeichnet. Die historischen Fotografien vermitteln einen Eindruck von den deutschen Siedlern: Schnurrbärtige Teutonen in blütenweißen Anzügen sitzen unter immensen Feigenbäumen oder in luftigen Räumen und starren durch ihre Monokel in die Kamera.

Ihr Erbe lässt vermuten, dass die Deutschen fleißige, wenngleich strenge Verwalter gewesen und mit ihrer Art einen tiefen Eindruck bei den Einwohnern von Neuirland hinterlassen haben müssen. In Kavieng errichteten sie eine Modellstadt, deren Überreste bis heute zu bewundern sind. Ein Relikt der Zeit ist der Kavieng Club mit seinem Dress-Code, seinen livrierten Kellnern und seinem Club-Ambiente. Als wir ihn betraten, hatten wir das Gefühl, eine Reise in die Vergangenheit zu machen. Dort schlürften wir so manchen Gin Tonic.

In östlicher Richtung führt Franz Bulominskis Meisterwerk aus dem Ort hinaus: der Bulominski Highway. Auf dem Weg nach Südosten schlängelt er sich an Uferdörfern vorbei und durch Kokosplantagen hindurch und verbindet die verstreuten Siedlungen entlang der Nordküste von Neuirland. Im Jahr 1988 fuhr ich in Begleitung von Lester Seri, Tish Ennis, Peter White und seinem Assistenten Tom Heinsohn den Highway hinunter. Tom war ein gutaussehender Hüne, und als wir langsam durch die Dörfer fuhren, riefen einige junge Frauen »Saizo!«. Der Ruf ist eigentlich eine Frage, er kommt vom Englischen »size-o?« und bedeutet so etwas wie »Passt du mir?«.

Auch für die übrigen, weniger attraktiven Mitglieder der Expedition hielt die Fahrt ihre Reize bereit. Auf dem Weg durch traditionelle Dörfer, vorbei an herrlichen weißen Stränden, kamen wir an den alten Villen der Plantagenbesitzer vorüber; einige waren noch bewohnt, andere verfallen und ein Andenken an vergangene Kolonialzeiten. Den faszinierendsten Anblick bot eine alte Villa auf einer Klippe; in einem Anbau befand sich eine große Garage voller Jaguars verschiedener Jahrgänge, die in der Seeluft vor sich hin rosteten. Offenbar hatte sich der Eigentümer alle paar Jahre ein neues Modell kommen lassen und die Vorgänger zwischen den Kokospalmen vergessen, ehe er die Plantage schließlich aufgab.

Unser Ausgangslager war das Dorf Madina, eine eher moderne Siedlung am Meer, deren Hauptattraktion zumindest für uns die Balof-Höhle war, in der Peter seine Ausgrabungen durchführte. Balof war eine gewaltige, natürliche Kuppel, in die von oben Sonnenlicht fiel und deren Boden trocken war. Sie befand sich in den Kreidefelsen unmittelbar hinter dem Dorf und war seit undenklichen Zeiten ein idealer Lagerplatz. Noch im Zweiten Weltkrieg hatten die Dorfbewohner hier Schutz gesucht, wie leere Dosen und andere Überreste bezeugten. Nur wenige Zentimeter unter der obersten Staubschicht fanden sich jedoch Hinweise auf das Leben der Vormieter.

Sehr zum Erstaunen der Archäologenzunft hatte Peter herausgefunden, dass die Höhle seit mindestens 30 000 Jahren bewohnt wurde. Als die ersten Siedler kamen, war Neuirland jedoch eine ganz andere Insel als heute. Damals befand sich Balof auf einem Kamm mehrere hundert Meter über dem Meer, während sie heute, nach dem Anstieg des Meeresspiegels, fast auf Meereshöhe liegt. Auch die Fauna war eine andere, wie wir bei der Bestimmung der ausgegrabenen Knochen feststellten. Die Zusammenhänge wurden jedoch erst nach einer sorgfältigen Bestimmung zu Hause im Labor erkennbar.

In den untersten Schichten, einem senfgelben Lehm, fand Peter keinen Hinweis auf Menschen und nur einige wenige Tierknochen. Diese Schicht war vor der Ankunft der ersten Menschen vor mehr als 33 000 Jahren entstanden, und die Knochen waren vermutlich von Raubtieren, zum Beispiel Eulen, in die Höhle gebracht worden. Außer Vögeln und Fledermäusen gab es kaum Wirbeltiere auf der Insel, die einzigen Landsäugetiere waren offenbar zwei Ratten, von denen eine bislang unbekannt gewesen war. Das erstaunte mich, denn Neuirland ist eine große Insel und hätte das Potential, eine größere Vielfalt von Säugetieren zu ernähren. Das war der erste Hinweis, dass sich die Geschichte der Fauna Neuirlands deutlich von der ihrer Nachbarinsel Neubritannien unterscheiden könnte.

Die Entdeckung warf die Frage auf, woher die anderen Säugetiere gekommen waren, zum Beispiel die Buschkängurus, Possums und Ratten, die wir auf der Insel angetroffen hatten. Die Antwort fanden wir in den jüngeren Schichten von Balof, die sich vor allem aus dem Abfall der prähistorischen Jäger zusammensetzten, die in der Höhle geschlafen und gekocht hatten. In etwa 10 000 Jahre alten Schichten tauchten die ersten Kuskus-Knochen auf, was ein Hinweis darauf war, dass Menschen das Tier von der Nachbarinsel Neubritannien importiert haben mussten. Das war ein erstaunlicher Fund, denn damit war es der früheste jemals nachgewiesene Fall, in dem Menschen gezielt Tiere umsiedelten. Nach den Tausenden Kieferknochen zu urteilen, wurde der Kuskus schnell heimisch und muss für diese Steinzeitjäger ein Geschenk des Himmels gewesen sein.

In Balof finden sich auch Pollen, und an denen lassen sich die negativen Auswirkungen der eingeschleppten Tiere ablesen. An der Zusammensetzung der Pollen in den Ablagerungen konnten wir erkennen, dass etwa zur selben Zeit, zu der sich der Kuskus ausbreitete, sich das Blätterdach des Waldes lichtete und das Wachstum von Unterholz zuließ. Peter meinte zuerst, dies markiere den Beginn der Landwirtschaft und die Rodung von Wäldern mit Steinäxten. Aber ich nehme an, dass Neuirland nach der

Einführung von Possums eine ähnliche Veränderung durchmachte, wie wir sie heute in Neuseeland beobachten. Dort vernichtet der Kusu, der im 19. Jahrhundert aus Australien eingeschleppt wurde, ganze Wälder und führt zu einer Verkrautung.

Peters Ausgrabungen zeigten, dass die Neuirländer vor etwa achttausend Jahren ein weiteres Tier auf ihren Speisezettel nahmen: ein Buschkänguru mit dem Namen Neuguinea-Filander. Das Tier stellte eine ordentliche Fleischportion dar und muss von weiter her eingeführt worden sein als von Neubritannien, vermutlich vom Festland von Neuguinea. Jeder, der einmal ein Kängurujunges gefüttert hat, weiß, wie einfach diese Tiere zu zähmen sind. Trotzdem muss es eine erhebliche Leistung gewesen sein, ein Buschkänguru auf einer derart langen Kanufahrt am Leben zu erhalten. Leider waren die Buschkängurus in der Region um Balof ausgerottet worden, doch die Dorfbewohner erinnerten sich, dass die Tiere noch vor einem halben Jahrhundert häufig vorkamen.

In den Schichten aus den vergangenen dreitausend Jahren fand Peter Hinweise auf eine ganze Reihe von Tieren, die nach Neuirland gebracht worden waren, darunter Hunde, Schweine und zwei Arten von Ratten. Eine, die Neuguinea-Stachelratte, hatte offenbar eine der ursprünglichen Rattenarten der Insel verdrängt. Die Arten kamen mit menschlichen Neuankömmlingen, den Angehörigen der Lapita-Kultur, vermutlich den Vorfahren der Polynesier. Sie kamen ursprünglich aus Taiwan, und nachdem sie sich in Melanesien ausgebreitet hatten, besiedelten sie den gesamten Pazifikraum.

Es gab jedoch eine Art, die in den Wäldern von Neuirland häufig vorkam, in den Überresten der Höhle jedoch erstaunlicherweise fehlte: der Tüpfelkuskus. Über dessen Geschichte gab uns einer der ältesten Bewohner von Madina Auskunft. Sanila Talevat war über achtzig, als wir ihn kennenlernten. Der kleine, untersetzte Mann lächelte ununterbrochen. Mit seiner tiefschwarzen Haut und seinem vom lebenslangen Betel-Kauen rot gefärbten Mund war er eine eindrucksvolle Gestalt. Das Erste, was mir an ihm auffiel, waren seine schneeweißen Koteletten. Es war ein echter Backenbart, wie ich ihn bis dahin nur auf den Fotos selbstzufriedener europäischer Kolonialherren gesehen hatte. Als Kind hatte Sanila eine deutsche Grundschule besucht, und vielleicht hatte er dort seine Vorliebe für diese Art der Gesichtsbehaarung entwickelt. Wenn er »Raus!« und einige andere deutsche Wörter rief, konnte man meinen, einen echten Teutonen vor sich zu haben.

Sanila hatte sich als Premierminister von Neuirland einen Namen gemacht, ehe er sich in seinem Heimatdorf auf sein Altenteil zurückzog. Als Besitzer der Höhle hatte er Peter und seine Mitarbeiter willkommen geheißen. Seit seiner Pensionierung unterstützte er junge Inselbewohner, die in Konflikt mit dem Gesetz geraten waren. Einer, den wir während unseres Aufenthalts kennenlernten, war ein Mörder aus einem Dorf in der Provinz Chimbu, der erst kürzlich aus dem Gefängnis entlassen worden war. Er war verurteilt worden, weil er an einem traditionellen Sühnemord beteiligt gewesen war. In seiner Gesellschaft gelten solche Morde als Ehre, nicht als Verbrechen, und wahrscheinlich hatte der junge Mann gar keine andere Wahl, als sich zu beteiligen. Obwohl er mehr als ein Jahrzehnt im berüchtigten Gefängnis Bomana eingesessen hatte, blühte er unter Sanilas Führung auf. Ich war zutiefst berührt von Sanilas Menschlichkeit und dem, was er für seine Gesellschaft geleistet hatte.

Als ich Sanila nach den Tüpfelkuskus der Insel fragte, konnte er mir sehr genau Auskunft geben. Die Tiere stammten von einem Pärchen ab, das ein neuirländischer Polizeibeamter 1929 von der Insel Mussau nach Kavieng gebracht hatte. Eines Nachts waren sie aus dem Käfig entkommen und im Urwald verschwunden. Im

Jahr 1998 hatten sich die Tiere in einem Umkreis von zehn Kilometern um Kavieng ausgebreitet und nahmen immer neue Teile der Insel ein.

Sanila konnte uns auch berichten, wie die Aga-Kröte nach Neuirland gekommen war. Sie war im Jahr 1938 oder 1939 von einem gewissen Levi Matarai, einem Mitarbeiter des Gesundheitsministeriums, auf die Insel gebracht worden. Seit der Ankunft der Kröten habe die Zahl der Schlangen und Mücken drastisch abgenommen. Ersteres verwunderte mich nicht, denn die meisten Schlangen Ozeaniens reagieren hochempfindlich auf das Krötengift und sterben oft bei dem Versuch, eine junge Kröte zu fressen. Aber ich hatte noch nie gehört, dass die Kröten die Zahl der Stechmücken reduzieren. Vielleicht ernährten sich ja die Kaulquappen von Mückenlarven. Was auch immer der Grund war, für Sanila waren die Aga-Kröten ein Segen.

Diese Geschichten vermittelten mir ein Gefühl für die Kontinuität der Traditionen auf Neuirland. Die ersten Siedler waren auf eine Insel gekommen, die ihr Potential nicht ausgereizt hatte. Sie war groß, aber sie war erst kürzlich aus dem Ozean gestiegen und abgelegen. Über Treibholz waren nur zwei Säugetierarten angespült worden, zwei Rattenarten von bescheidener Größe. Über mehrere Jahrtausende hinweg importierten die Siedler eine Art nach der anderen, bis die Insel reichlich Wild für Jäger bot. Da es von Anfang an nur wenige Arten gab, waren die negativen Auswirkungen der Einschleppung gering (außer vielleicht auf die Vögel, deren Geschichte bislang kaum erforscht ist). Unser Besuch führte mir anschaulich vor Augen, wie stark sich selbst Nachbarinseln hinsichtlich ihrer Artenvielfalt und Geschichte unterscheiden können.

✴

Um die Knochen zu bestimmen, die Peter in der Calof-Höhle ausgrub, musste ich auch Exemplare der heutigen Inselfauna sammeln. Die verbreitetsten Säugetiere auf Neuirland sind Fledermäuse, von denen wir zahlreiche Knochen in der Höhle fanden. Aber die Bedingungen in der Höhle mussten sich im Laufe der Zeit verändert haben, denn während unseres Aufenthalts sahen wir nur wenige Exemplare. Das bedeutete, dass wir andere Höhlen untersuchen mussten, in denen die Arten, deren Knochen wir in Balof fanden, vielleicht noch nisteten. Wir erfuhren, dass die Höhlen weit verstreut waren und wir bis zum hundert Kilometer entfernten Lelet-Plateau fahren mussten, um eine ausreichende Vielfalt von Fledermäusen zu finden. Diese etwa 1000 Meter hoch gelegene Ebene ist von Höhlen geradezu durchlöchert, weshalb Lester und ich uns trennten, um sie zu erforschen. Meine Höhlen waren so leicht zugänglich wie uninteressant, und ich fand kaum Fledermäuse. Lester machte andere Erfahrungen. Als wir uns wieder trafen, erzählte er mir von einer trichterförmigen Höhle; er habe sie kaum betreten, als er wie Alice im Wunderland unaufhaltsam einen rutschigen, steilen Abhang in Richtung Erdmittelpunkt hinunterstürzte. Er habe den Sturz nur aufhalten können, indem er sich an einen Stalagmiten klammerte.

In einer großen Höhle einige Kilometer östlich von Madina machte ich meine eigene unangenehme Erfahrung. In dieser Höhle hausten so viele Fledermäuse, dass man vom Geschrei und Flügelgeklatsche taub werden konnte. Der Gestank war entsetzlich. Ein Adoptivsohn Sanilas hatte mich zu einer Öffnung am Fuß eines steilen Kreidefelsens geführt. Von dort führte ein Tunnel in eine stickige Höhle von der Größe einer Kathedrale, in der eine riesige Fledermauskolonie nistete. Es mussten Zehntausende sein. Zuerst meinte ich, es handele sich ausschließlich um die verbreiteten Nacktrückenflughunde, von denen ich bereits einige Exemplare gesammelt hatte. Aber im Licht meiner Taschenlampe sah ich, dass an der Rückwand der Höhle einige kleinere Tiere flatterten. Um dorthin zu gelangen, musste ich allerdings durch die Kolonie der Flughunde hindurch, deren Geschrei und Geflatter schon unerträglich genug war. Aber was mich wirklich abschreckte, war ein gut zehn Meter hoher Kotberg, der unter den Fledermäusen in die Höhe ragte. Die Flüssigkeit, die aus diesem Misthaufen herauslief, hatte einen See gebildet, und der Gestank war kaum auszuhalten. Selbst aus der Ferne sah ich, dass der Berg lebte und sich eine Armee von Würmern, Käfern und anderen Liebhabern des tierischen Kots über seine Oberfläche wälzte.

Allein beim Anblick wurde mir übel, doch ich hatte keine Alternative. Ich war doch nicht aus Australien angereist, um hier wieder kehrtzumachen, ohne die kleinen Fledermäuse in Augenschein genommen zu haben. Vor die Wahl zwischen dem Misthaufen und der Pisslagune gestellt, entschied ich mich für Ersteren. Ich wagte einen ersten vorsichtigen Schritt und spürte, wie mir der faulige, lebendige Brei in die Stiefel schwappte. Kratzige Käferbeine krabbelten zwischen meinen Zehen, Würmer wanden sich um meine Knöchel, und mein Schuhwerk füllte sich mit Gülle. Meine Beine versanken immer tiefer im Morast, und als er mir bis zu den Knien stand, dachte ich ernsthaft daran, wieder umzukehren. Dann spürte ich, wie der Boden unter meinen Füßen fester wurde, und nahm an, dass ich das Schlimmste hinter mir hatte. Doch ich irrte mich. Wenige Schritte später stand ich bis zu den Hüften in dem ekligen, siedenden Morast und hatte das Gefühl, ich müsste im stechenden Ammoniakgestank ersticken. Dabei hatte ich immer noch erst die halbe Strecke zurückgelegt.

An diesem Punkt stellte ich entsetzt fest, dass ich der Pisslagune doch nicht entgangen war. Hinter dem Misthaufen zog sich ein Seitenarm entlang, der mich von der Rückwand der Höhle und den kleinen Fledermäusen trennte. Als ich nach einigen Schritten bis zur Hüfte im Fledermausurin stand, fragte ich mich, wie tief der See wohl sein mochte. Dann spürte ich zu meiner Erleichterung, wie unter meinen Füßen ein relativ festes Ufer von glitschigem Fledermauskot anstieg, und wenig später erreichte ich die andere Seite, ohne vollends in die Brühe eintauchen zu müssen.

Die kleinen Fledermäuse erwiesen sich als eine verbreitete Art von Insektenfressern. Ich hatte diese Art zwar noch nicht auf Neuirland gesehen, aber es war kaum eine weltbewegende Entdeckung. Mit hängendem Kopf watete ich zurück. Als ich draußen ankam, muss mir Sanilas Sohn angesehen haben, wie ich mich fühlte, denn er sagte mir, dass sich in der Nähe noch eine andere Höhle befinde, die vielleicht ganz interessant sein könnte. Schmutzig und stinkend, wie ich war, machte ich mich also auf den Weg. Diese Höhle war zum Glück trocken. Ich entdeckte nur ein paar kleine braune Sackflügelfledermäuse, von denen ich drei fing. Interessanterweise konnte ich sie nicht sofort bestimmen. Wieder im Labor stellten wir fest, dass es sich um eine bis dahin unbekannte Art handelte. In Anerkennung von Lesters heldenhaften Taten auf Alcester und dem Lelet-Plateau nannte ich sie *Emballonura serii*, Seris Sackflügelfledermaus.

✳

Sanila Talevat war einer der letzten lebenden Menschen, der sich an die traditionellen Namen der Fauna von Neuirland erinnerte. Jeden Morgen brachte ich ihm die Tiere, die wir in der Nacht zuvor in unseren Netzen und Fallen gefunden hatten. Er nahm sie vorsichtig in die Hand, als seien es die wertvollsten Schätze der Welt, und verkündete ihre Namen. Einige waren so schön, dass sie aus dem Märchen hätten stammen können. Die Fledermaus, die unter dem sperrigen Namen Bismarck-Nacktrückenflughund bekannt ist, nannte er *Amanda Yei Laras*, die Fledermaus, deren Fell vom Meer berührt wurde. Ihr Fell hat in der Tat einen geheim-

Kula-Häuptling, Woodlark

Die *Sunbird* vor Anker, Alcester

Auslegerkanus, Alcester

Kula-Kanu, Woodlark

Einheimische mit schwarzem Buschkänguru und Tish,
Felslager, Goodenough Island

Woodlark-Kuskus, Woodlark

Königsratte, Guadalcanal

Basislager, Mount Makarakomburu, Guadalcanal

Kwaio-Frau mit Maiskolbenpfeife,
Naufe'e, Malaita

Naufe'e, Malaita

Folofo'u und junge Kwaio, Naufe'e

Ich mit einer Fledermaus im
Netz, Naufe'e

Poncelets Riesenratte, Choiseul

Fidschi-Affengesicht, Des Voeux Peak,
Taveuni, Fidschi

Blüten auf Mont Dzumac,
Neukaledonien

Araucarias nahe Bourail, Neukaledonien

nisvollen Grünton, so als ob sie auf ihren nächtlichen Streifzügen ins Meer eintauchte und dessen Farbe mit zurückbrachte.

Auf Neuirland gibt es eine weitere, deutlich kleinere Fledermaus, die ungefähr so groß ist wie ein Star und spektakuläre, schwarz, orange und rosa gesprenkelte Flügel hat. In der Wissenschaft ist sie als Bismarck-Langzungenflughund bekannt, aber Sanila nannte sie *Amanda arehwak*, Giftfledermaus. Sanila versicherte mir, wenn man sie nachts schreien höre, dann bedeutete dies, dass ein Zauberer in der Nähe sei. Als ich das hörte, stellte ich mir vor, wie der junge Sanila nachts den Schrei hörte und wusste, dass eine unheilvolle Tat begangen worden war – vielleicht ein Zauberspruch, mit dem jemandem eine Krankheit an den Hals gehext oder die Ernte verdorben werden sollte. Leider habe ich den Schrei nie selbst gehört, und kein westlicher Wissenschaftler hat ihn je aufgezeichnet.

Eines Morgens fand ich einen Flughund im Netz, wie ich ihn noch nie gesehen hatte. Er gehörte zu den Arten, die sich von Früchten ernähren, und sein Körper war etwa so groß wie der von acht Wochen alten Katzenjungen. Das Tier war von so subtiler Schönheit, dass ich sofort zu Sanila lief, um ihn nach dem Namen zu fragen. Es hat schwache Streifen entlang der Schnauze, aber das Auffälligste waren die Flügel, deren durchscheinende Häute von einem braunen Adermuster überzogen waren. Als Sanila das Tier aufhob, sprach er langsam und feierlich seinen Namen aus: *Amanda ila wana aflas*. Er habe sie schon lange nicht mehr gesehen, sagte er, und als er sie ansah, schien er sich an längst vergangene Zeiten zurückzuerinnern, vielleicht an einen Moment, in dem er als abenteuerlustiger Junge auf der Jagd durch das Dickicht streifte und keinen Gedanken an mögliche Gefahren verschwendete. Für ihn war es die Fledermaus, deren Flügel aussahen wie das Blatt das Aflasbaums. Ich erfuhr nie, was der Aflasbaum war, aber ich vermute, dass es sich um eine Bananenart handeln musste, denn deren verwelkende Blätter können eine ähnliche Farbe und Musterung annehmen wie die Flügel dieser Fledermaus.

Da ich vermutete, dass es sich bei diesem Tier um etwas Besonderes handelte, untersuchte ich sie zuerst. Es war ein Flughund, wie ihn die Wissenschaft bis dahin noch nicht kannte. Als vorsichtiger Taxonom ordnete ich das Exemplar nicht als eigene Art, sondern als eine Unterart ein und nannte sie *Pteropus capistatus ennisae*, nach Tish Ennis, die mit ihrer Arbeit so viel zum Erfolg unserer Expeditionen beigetragen hatte. Nach weiteren Untersuchungen gilt sie heute als eigenständige Art und trägt den Namen *Pteropus ennisae*. Der Ennis-Flughund und die Seri-Sackflügelfledermaus sind heute die einzigen endemischen Säugetiere von Neuirland, und es war mir eine besondere Ehre, sie nach meinen Mitstreitern benennen zu können.

Der Ennis-Flughund und sein Verwandter von Neubritannien (*Pteropus capistatus*) sind wahre Rätsel. Von beiden gibt es jeweils nur eine Handvoll von Exemplaren in Museen, und beide sind ausgesprochen auffällige Fledermäuse mit gestreiften Gesichtern und leuchtend gemusterten Flügeln. Ihre nächsten Verwandten – ebenfalls Fledermäuse mit gestreiften Gesichtern – leben auf den knapp zweitausend Kilometer weiter westlich gelegenen Molukken. Wie kam es, dass diese Tiere auf Inseln westlich und östlich von Neuguinea vorkommen, aber nicht dazwischen? Diese Frage ist mindestens genauso rätselhaft wie die Biologie dieser Flughunde, insbesondere die Tatsache, dass der männliche Flughund von Neubritannien offenbar über Milchdrüsen verfügt. Sie scheinen zu den wenigen Säugetierarten zu gehören, bei denen die Männchen die Jungen stillen. Phänomene wie diese sind nach wie vor ungeklärt, und Biologen können in Melanesien noch viel lernen.

Die Entdeckung der neuen Fledermausarten bedeutete einen großen Fortschritt für das Verständnis der Zoogeographie der

Region. Nun war klar, dass auf Neuirland nicht nur weniger Säugetierarten vorkamen als auf Neubritannien, sondern auch, dass einige Fledermausarten nur hier vorkamen. Da Fledermäuse über Wasser fliegen können, legte dies die Vermutung nahe, dass die beiden Inseln einst weiter auseinandergelegen haben müssen als heute, da sich die Arten sonst vermutlich vermischt hätten und keine unterschiedlichen Arten entstanden wären. Dass wir aus der Untersuchung von Fledermäusen etwas über die Bewegung von Inseln über gewaltige erdgeschichtliche Zeiträume hinweg in Erfahrung bringen konnten, war ein reicher Lohn für unsere Arbeit im Bismarck-Archipel.

Sanila hatte nicht nur ein akademisches, sondern auch ein kulinarisches Interesse an den Fledermäusen, die wir fingen. Als Dank für alles, was ich von ihm gelernt hatte, häutete ich einige der größeren Flughunde, die wir mit ins Museum zurücknehmen wollten, wickelte sie in Blätter und gab sie ihm, damit er sie zubereiten konnte. Er vergaß diese freundliche Geste nicht. Als wir aus Madina aufbrachen, brachte er uns vier Brathähnchen, die er in einem Geschäft gekauft hatte, jedes in Blätter gehüllt und mit einheimischen Kräutern in einem Steinofen gebacken. Es waren die köstlichsten Hähnchen, die ich je gegessen habe, und ich war zutiefst berührt, auch weil sie ihn ein kleines Vermögen gekostet haben mussten. Eines aßen wir an Ort und Stelle, die anderen flogen mit uns von Kavieng nach Port Moresby, wo sie ein leckeres Abschiedsessen für unsere Mannschaft waren.

Als wir Jahre später die Tiere benannten, deren Knochen wir in der Calof-Höhle gefunden hatten, beschlossen Peter White und ich, die ausgestorbene Rattenart nach Sanila zu benennen. *Rattus sanila* ist zwar schon lange von Neuirland verschwunden, aber sie war ein echtes Original: Es war das erste Landsäugetier, das die Insel besiedelte, und einer von Neuirlands charakteristischsten Bewohnern.

III

DIE SALOMON-INSELN

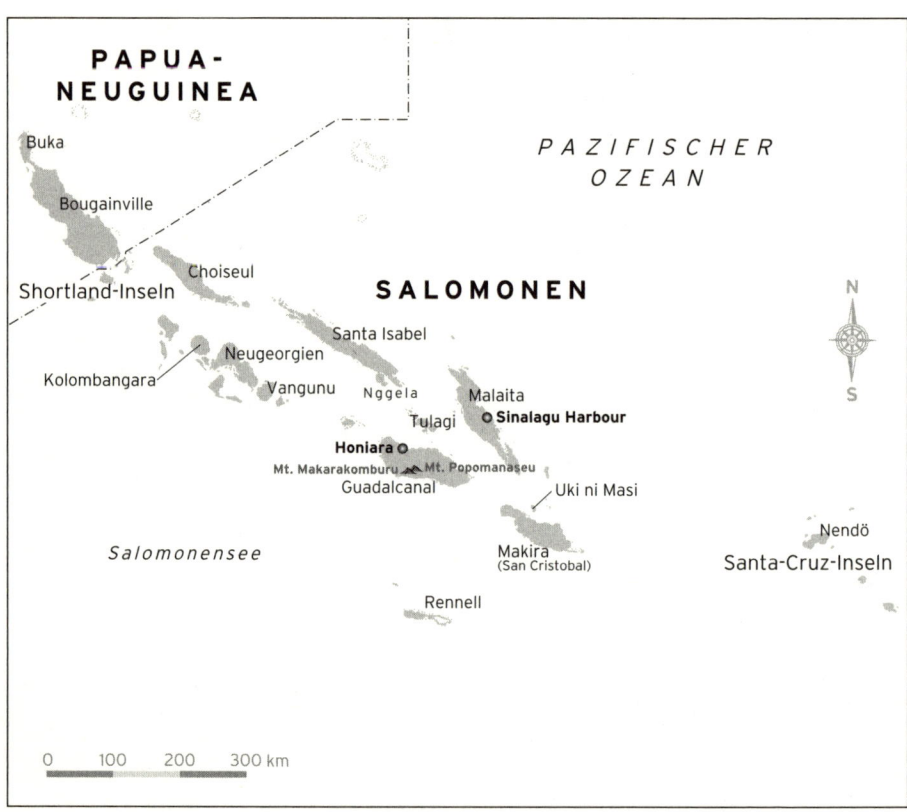

PAPUA-
NEUGUINEA

Buka

Bougainville

Shortland-Inseln

Choiseul

Kolombangara

Neugeorgien

Vangunu

Nggela

Tulagi

Honiara

Mt. Makarakomburu

Mt. Popomanaseu

Guadalcanal

Santa Isabel

SALOMONEN

Malaita

Sinalagu Harbour

Uki ni Masi

PAZIFISCHER
OZEAN

N

S

Salomonensee

Makira
(San Cristobal)

Rennell

Nendö

Santa-Cruz-Inseln

0   100   200   300 km

Zu Beginn unserer Forschungsexpeditionen hatten wir uns auf die Inseln von Papua-Neuguinea konzentriert. Es gab jedoch noch einen weiteren pazifischen Inselstaat, der kürzlich seine Unabhängigkeit erlangt hatte und dessen Artenvielfalt so groß wie unerforscht war: die Salomon-Inseln. Diese Inselgruppe besteht aus fast tausend Inseln, die sich in Größe, Höhe, Flora und Fauna erheblich unterscheiden. Seit dem 19. Jahrhundert spielt das Australische Museum eine Führungsrolle bei der Erforschung der Salomonen, in seinen Sammlungen befindet sich der Löwenanteil der weltweit vorhandenen Referenzexemplare. Einige wurden von Naturforschern gesammelt, während europäische Kriegsschiffe in einem Rachefeldzug die Dörfer von Kopfjägern beschossen. Einige der Exemplare sind einmalig, die Arten wurden nach dem Fund nie wieder gesichtet.

In den achtziger Jahren wurde es immer dringlicher, weitere Forschungen auf den Salomonen durchzuführen. Auf einer Insel nach der anderen wurden unberührte Regenwaldgebiete durch weitgehend unkontrollierte Rodungen vernichtet. Auch der Bergbau schlug tiefe Schneisen in einst abgelegene Regionen und ermöglichte die Invasion von Ratten und Katzen, die die einheimischen Arten dezimierten. Die Regierung der Salomon-Inseln, die erst 1976 unabhängig geworden waren, konnte wenig unternehmen, um diesen Bedrohungen für die Artenvielfalt Einhalt zu gebieten. Ich befürchtete, dass Arten verschwinden könnten, ehe man überhaupt von ihrer Existenz wusste.

Die Arbeit auf den Salomonen war nicht einfach. Die Kolonialgeschichte meinte es alles andere als gut mit den Inseln, und das
wenige, was den Inseln nach der Unabhängigkeit an Infrastruktur und Ressourcen blieb, war vollkommen unzureichend. Dazu
kam, dass der Kontakt mit den Europäern ausgesprochen ge-
walttätig verlaufen war.

Die Europäer sichteten und benannten die Salomonen lange vor
ihrer Entdeckung Australiens. Im Jahr 1568 segelte der 17-jährige
Spanier Alvaro de Mendaña auf Einladung seines Onkels, des
Vizekönigs von Peru, von Spanien nach Lima. Erst 25 Jahre zuvor
waren die Inkas unterworfen worden, und Mendaña träumte
vermutlich von den Geschichten von Ruhm und Reichtum, wie
sie die überlebenden Conquistadores erzählten. Mendaña war erst
26 Jahre alt, als er von der peruanischen Pazifikküste aufbrach,
um seine eigene neue Welt zu entdecken und zu erobern. Auf seinem Weg über das weiteste der Weltmeere beflügelten ihn Legen-
den um den geheimnisvollen Kontinent *Terra Australis*, ein mythisches Land im Süden, in dem es Städte aus Gold und fabelhafte
Reichtümer geben sollte. Seine Flotte bestand aus zwei kleinen
Segelschiffen und einer Mannschaft von 150 Mann, und die Fahrt
war voller Gefahren. Proviant und Hygiene waren mangelhaft,
und nach den damaligen Gepflogenheiten wurden verstorbene
Seeleute nicht im Meer bestattet, sondern in den Ballaststeinen im
Kielraum des Schiffs transportiert. Als das Trinkwasser zur Neige
ging und die Mannschaft am Rande einer Meuterei stand, sichtete
Mendaña endlich Land in der Nähe des heutigen Dorfs Bughotu
auf der Salomonen-Insel Santa Isabel.

Als Mendaña die Inselgruppe benannte, dachte er vermutlich
an die verlorenen Schätze des biblischen Königs. Doch sein Lohn
war keine Stadt mit goldenen Kuppeln. Stattdessen stieß er auf
ein grünes Eiland nach dem anderen, in einer über tausend Kilometer langen Doppelkette. Die Inseln waren von dunkelhäutigen

136

Menschen besiedelt, die zunächst freundlich waren, mit denen die Spanier jedoch unweigerlich in Streit gerieten. Wo sie auch landeten, überall hinterließen sie Blut und Zorn und nahmen bei ihrer Flucht auf die Schiffe nicht mehr mit als ein paar Gefangene und ein bisschen Proviant. Entmutigt und im Angesicht einer drohenden Meuterei beschloss Mendaña, nach Lima zurückzukehren. Mehr als zwei Jahre nach seinem Aufbruch kam er arm und ausgemergelt nach Hause.

Fast drei Jahrzehnte später, im Alter von 54 Jahren, unternahm Mendaña eine weitere Entdeckungsfahrt über den Pazifik. Diesmal wollte er die Salomonen besiedeln. Seine Flotte bestand aus vier Schiffen mit 378 Siedlern und 280 Soldaten und traf diesmal weiter südlich, an der Insel Santa Cruz, dem heutigen Nendö, auf die Inselgruppe. Politisch gehören diese Inseln zwar zu den Salomonen, doch biologisch und kulturell haben sie mehr mit Vanuatu gemeinsam.

Die Siedler waren kaum an Land, als auch schon der Konflikt mit den Einheimischen entbrannte. Dazu gerieten sich die Siedler selbst in die Haare und spalteten sich in widerstreitende Fraktionen. Einen Monat nach der Ankunft starb Mendaña an Malaria, und die Überlebenden packten ihre Sachen und stachen in Richtung Philippinen in See. Mendañas Leichnam nahmen sie mit, um ihn in Manila in geweihter Erde beisetzen zu können.

Die wertvollen Edelmetalle, die der Entdecker suchte, gab es auf den Salomonen tatsächlich, und heute exportiert die Nation Gold. Doch anders als die Azteken und Inkas, die große Gold- und Silberschätze angehäuft hatten, lebten die Menschen auf den Salomonen in der Steinzeit. Mit den Goldkörnern, die in den Bächen der Regenwälder schimmerten, wussten sie nichts anzufangen. Das Gold sollte mehr als vier Jahrhunderte lang im Verborgenen schlummern, und so lange blieb Mendañas Traum vom Reichtum Phantasie.

Die melanesischen Seefahrer waren schon 30000 Jahre vor Mendaña auf die Inselkette gekommen. Mit Flößen oder Kanus waren sie von Neuguinea oder den Bismarck-Inseln gekommen. Sie waren auf dem Meer zu Hause, denn sie brachten nicht nur ihre Familien mit, sondern auch Gegenstände und Lebensmittel. Auf den Salomonen gibt es also schon genauso lange moderne Menschen wie in Europa. Als Mendaña hier anlegte, hatten die Salomonen eine Vielfalt von verwandten Sprachen und Kulturen entwickelt, die mindestens ebenso groß war wie die europäische.

Im Norden, in der autonomen Region Bougainville, die heute politisch zu Papua-Neuguinea gehört, entwickelten die Nachfahren dieser Pioniere die schwärzeste Haut der Welt. Mit komplizierten Ritualen begehen sie das Erwachsenwerden der Jungen und leben in matrilinearen Gesellschaften, in denen Verwandtschaft und Erbfolge über die Mütter geregelt wird. Weiter im Süden entstanden andere Kulturen. Auf Guadalcanal legten die Einwohner Terrassengärten an, und zu Mendañas Zeiten hatte diese Insel die größte Bevölkerungsdichte. Auf der nahe gelegenen Insel Malaita rangen einige Bewohner dem Meer das Land ab, so wie es die Holländer taten; sie errichteten große Dörfer und lebten vom Fischfang, während im Landesinneren Kriegerkulturen entstanden. Die meisten Inseln entwickelten eigenständige Kulturen, und auf den größeren lebten sogar mehrere nebeneinander, die sich zum Teil erheblich unterschieden.

Die Salomon-Inseln entstanden zig Millionen Jahre vor der Ankunft der ersten Menschen. Sie hatten nie zum Festland gehört, doch sie lagen nahe genug an Neuguinea, um von vielen Lebewesen besiedelt zu werden, die übers Meer geflogen oder getrieben kamen. Lange bevor der erste Mensch seinen Fuß auf den Strand der Inseln setzte, hatten Reptilien, Vögel, Frösche und Säugetiere den Weg hierher gefunden und sich niedergelassen. Viele dieser Einwanderer entwickelten sich zu erstaunlichen Lebewesen, die nur hier vorkommen. Die biologische Vielfalt ist so groß, dass Wissenschaftler, die sich in die dunklen Urwälder und auf die hohen Berge wagen, bis heute neue Arten entdecken. Im dichten Dschungel der Salomonen habe ich mit eigenen Augen Tiere gesehen, die bis heute unbenannt und dem Rest der Welt vollkommen unbekannt sind.

Die Salomonen gehören zu den letzten Regionen der Welt, die von Europäern besiedelt wurden. Das liegt zum einen daran, dass ihre Einwohner als berüchtigte Kopfjäger und Menschenfresser galten, zum anderen aber auch daran, dass die Inseln nichts zu produzieren schienen, das die Europäer interessierte. Die Ausnahme waren billige Arbeitskräfte für die Zuckerrohrfelder der australischen Provinz Queensland. So war es vor allem Menschenhandel, der als »blackbirding« bekannt war, der zur Kolonialisierung führte.

Blackbirder operierten am Rande des Gesetzes. Es waren die abgebrühtesten Kapitäne und Mannschaften, die junge Inselbewohner entführten und auf die Zuckerrohrfelder verschleppten, wo sie arbeiten mussten, bis sie sich freikaufen konnten. Viele Inselbewohner starben bei den Überfällen auf ihre Dörfer oder bei Fluchtversuchen. Die Überlebenden wurden mit Sklavenschiffen nach Nordaustralien gebracht und dort an die Besitzer von Zuckerrohrplantagen verkauft. Nach Ablauf ihrer Zeit sollten sie eigentlich wieder auf ihre Inseln zurückgebracht werden, aber viele wurden nicht in ihrem Heimatdorf abgesetzt und liefen Gefahr, ihren Erbfeinden in die Hände zu fallen.

Im Jahr 1893 nahmen die Briten die Salomonen in ihr Kolonialreich auf. Eher widerwillig erklärte die Regierung Ihrer Majestät die Inseln zu ihrem Protektorat, und der Hauptgrund war der Kampf gegen das Blackbirding. Trotz der guten Absichten hatte der Kontakt der Europäer mit den Inseln fatale Auswirkungen. In den 1920er Jahren waren viele Inseln, darunter die

200 Kilometer lange Santa Isabel, durch Sklavenhandel sowie eingeschleppte Waffen und Krankheiten weitgehend entvölkert.

Schon seit der Ankunft der ersten Europäer stehen die Einwohner in dem Ruf, besonders wild zu sein. Die Bewohner von Guadalcanal boten Mendaña den Arm und die Schulter eines Kindes zum Essen an – sein Ekel provozierte eine neue Auseinandersetzung. Es war auch nicht sonderlich hilfreich, dass Commodore Goodenough, nach dem die Insel Goodenough benannt ist, im Jahr 1875 auf Santa Cruz von einem Pfeil getötet wurde. Der »heilige Joseph«, wie ihn seine Begleiter nannten, hatte sich auf einem Kreuzzug gegen das Blackbirding befunden. Die Ermordung dieses zutiefst gottesfürchtigen und aufrechten Marineoffiziers, dem das Wohl der Inselbewohner am Herzen gelegen hatte, ließ europäische Besucher noch Jahrzehnte später zittern. Als Ellis Troughton im Jahr 1927 nach Santa Cruz kam, um Säugetiere zu sammeln, berichtete er in der Zeitschrift des Australischen Museums, die Bewohner der Westküste seien »noch immer gefährlich« und weigerten sich, europäische Schiffe zu betreten.

Troughton besuchte die weiter nördlich gelegenen Hauptinseln der Salomonen zwar nicht, doch europäische Siedler berichteten ihm, dass dort noch wenige Jahre zuvor eine besonders grausige Form des Kannibalismus praktiziert worden sei. Es hieß, auf einer Nachbarinsel von Guadalcanal habe sich eine Gruppe von Malaitanern niedergelassen, die auf den umliegenden Inseln auf Kinderjagd gegangen sei. Diese Kinder würden sie

mästen und aufziehen, bis sie 16 Jahre alt sind, und sie dann an die Einwohner von Malaita verkaufen. Im Jahr 1906 fing der District Officer eine Gruppe dieser unseligen Geschöpfe ab und stellte fest, dass sie geistig vollkommen abgestumpft waren und offenbar ihrem Schicksal so unwissend entgegen-

gingen wie die Schafe der Schlachtbank. Zum Glück wurde diesem schrecklichen Handel im Jahr 1914 ein Ende bereitet.[8]

Der Kannibalismus hat zwar eine lange Geschichte auf den Salomonen, genau wie auf vielen anderen Inselgruppen des Pazifik, doch die »Wildheit« der Inselbewohner gegenüber den Europäern war mit Sicherheit eine Reaktion auf deren Brutalität. Auf jeder Insel, die Mendaña anlief, waren die Inselbewohner zunächst freundlich, bis die Verwüstungen und Morde der Spanier die Beziehungen unweigerlich trübten. Wie das Blackbirding zeigt, gingen die Europäer später nicht weniger brutal vor. In diesem Umfeld arbeiteten die ersten Naturforscher, die auf die Salomonen kamen. Von ihnen war keiner fleißiger und erfolgreicher als der englische Sammler Sir Charles Morris Woodford.

8
KAISER, KÖNIG UND SCHWEINCHEN

Charles Woodford muss ein geborener Abenteurer gewesen sein. Er arbeitete für die britische Kolonialverwaltung in Fidschi, als er seine erste naturkundliche Expedition zu den Salomon-Inseln durchführte. Sein Basislager errichtete er auf der Insel Mbara vor Guadalcanal. In seinem Klassiker *A Naturalist Among the Head-Hunters* (zu Deutsch »Ein Naturforscher unter Kopfjägern«) aus dem Jahr 1890 vermittelt er einen lebhaften Eindruck von den Gefahren und Schwierigkeiten, mit denen er in dieser wilden und gesetzlosen Region konfrontiert war.[9] Sein großes Ziel waren die majestätischen Gipfel im Herzen der Insel Guadalcanal: Mount Popomanaseu und Mount Makarakomburu. Fast zweieinhalb Kilometer hoch ragen sie in den tropischen Himmel und sind damit doppelt so hoch wie die höchsten Berge der umliegenden Inseln. Diese einsamen, erhabenen und wolkenverhangenen Inseln im Himmel mussten biologische Schatzkammern sein, so Woodford. Für einen Entdecker des 19. Jahrhunderts konnte dort alles leben – vielleicht unbekannte und spektakuläre Paradiesvögel oder der größte Schmetterling der Welt. Wer ein solches Fabelwesen fand, sicherte sich auf immer einen prominenten Platz in den Annalen der Naturforscher.

Drei Versuche unternahm Woodford, diese Gipfel zu erklimmen, und jedes Mal scheiterte er – an der Unwegsamkeit des Geländes, an seinem eigenen Pech und an der Feindseligkeit der Einheimischen. Einmal kehrte sein Bote, den er in die Berge geschickt hatte, um mit den Einheimischen Kontakt aufzunehmen, nicht zurück, und Woodford musste annehmen, dass er im Kochtopf gelandet war. Ein weiterer Versuch entwickelte sich dank Einschüchterung und Bestechung zunächst vielversprechend. Doch dann wurde das Dorf am Fuß des Berges, in dem Woodford sein Basislager aufgeschlagen hatte, von Feinden überfallen und 20 seiner 29 Bewohner wurden getötet. Glücklicherweise hielt sich Woodford zum Zeitpunkt des Überfalls nicht im Dorf auf, sondern war im Wald zur Jagd unterwegs.

Wenn Woodford schon die Berge nicht bezwingen konnte, dann wollte er wenigstens die Inseln beherrschen. John Bates Thurston, der in Fidschi stationierte Hochkommissar Ozeaniens (und Woodfords Vorgesetzter) hatte empfohlen, einen stellvertretenden Kommissar auf die Salomomen zu entsenden. Das Außenministerium sah jedoch keine Möglichkeit, diese Stelle über die Einnahmen aus den Inseln zu finanzieren und unternahm nichts. Thurston hielt sich in Sydney auf, als seine Anfrage abgelehnt wurde, und Woodford sah seine Chance gekommen. Er wollte die Stelle, organisierte seine Finanzierung aus privaten Mitteln und schrieb dem Außenministerium, Thurston habe ihn ernannt und er befinde sich bereits auf dem Weg, um seine Aufgaben anzutreten. Dann eilte er nach Sydney und überredete seinen Vorgesetzten (der keine allzu hohe Meinung von dem ehrgeizigen jungen Mann hatte), den ungewöhnlichen Brief zu unterzeichnen. Im Jahr 1896 brach Woodford schließlich zur winzigen Insel Tulagi im Nggela-Archipel auf, wo er erst sein Hauptquartier und schließlich eine Kolonialverwaltung einrichtete.

Woodford blieb bis 1914 stellvertretender Kommissar der Salomonen. Unter seiner Verwaltung gingen Kannibalismus und Kopfjagd deutlich zurück, obwohl Malaita und andere abgelegene Gebiete nach wie vor Ärger bereiteten. Leider schränkten seine Verwaltungsaufgaben seine naturkundlichen Expeditionen ein, doch zum Glück für die Nachwelt sind seine älteren Sammlungen erhalten geblieben. Sie waren ins Naturkundemuseum in London geschickt worden, darunter Arten, die außer ihm kein Forscher jemals gesehen hat.

Es waren Woodfords außergewöhnliche Abenteuer und Sammlungen gewesen, die mein Interesse an den Salomonen geweckt hatten. Als ich seine Geschichte las und die Exemplare sah, die er ein Jahrhundert zuvor gesammelt hatte, war ich fasziniert von dem Mann und seinen Entdeckungen. Dieses Kapitel erzählt die Geschichte dreier Ratten, die er entdeckte, zweier zweibeiniger Affen (Woodford und ich) und der Insel, die er erforschte: Guadalcanal.

Woodfords Ratten wurden im Jahr 1886 bekannt. Michael Oldfield Thomas, der damalige Kurator der Säugetierabteilung des Britischen Museums (heute das Naturgeschichtliche Museum in London), öffnete eine Kiste, die um die halbe Welt gereist war. Monate zuvor hatte Charles Woodford in einer tropischen Hütte in einem fernen Archipel seine Schätze, die mehr als ein Menschenleben gekostet hatten, in diese Kiste gepackt. Nach einer monatelangen Reise über die Weltmeere lagen sie auf dem Schreibtisch desjenigen Mannes, der ihre Bedeutung besser zu würdigen wusste als irgendjemand sonst.

Oldfield Thomas war ein bemerkenswerter Mensch. Er war nicht nur ausgesprochen attraktiv, sondern er war vor allem der bedeutendste Taxonom aller Zeiten. In fünf Jahrzehnten klassifizierte und benannte er mehr als zweitausend Säugetiere und damit rund ein Drittel aller weltweit vorkommenden Arten. Diese ungewöhnliche Leistung war nur durch Oldfield Thomas' außerordentlichen Fleiß möglich – und durch seine Heirat mit einer Millionenerbin, deren Vermögen es ihm erlaubte, Sammler in alle vier Himmelsrichtungen zu entsenden, um den Planeten nach unbekannten Arten zu durchforsten.

Viele der Klassifizierungen wurden von seinen Nachfolgern

angezweifelt, denn Oldfield Thomas hatte Arten oft aufgrund eines einzigen Exemplars benannt, das sich nur in kleinen Details von nahen Verwandten unterschied. Da sich die Angehörigen einer Art zum Teil erheblich unterscheiden können, meinten spätere Generationen von Säugetierforschern, Oldfield Thomas habe diese Exemplare fälschlicherweise als eigene Arten identifiziert. Doch moderne Techniken wie die DNA-Sequenzierung haben bestätigt, dass Oldfield Thomas einen untrüglichen Blick für neue Arten hatte: In fast allen Fällen, in denen sein Urteil in Zweifel gezogen wurde, behielt er schließlich recht.

Große Männer haben oft große Macken. Oldfield Thomas scheint sich über seine Arbeit hinaus für kaum etwas anderes interessiert zu haben. Die Flora und Fauna seiner Heimat England ließen ihn kalt, was für einen Biologen sehr verwunderlich ist. Ein Kollege erinnerte sich, beim Anblick eines atemberaubenden Sternenhimmels habe er lediglich angemerkt, wenn er könnte, würde er alle Sterne klassifizieren. Außer seiner Arbeit und seiner kinderlosen Ehe scheint er nicht allzu viele Interessen gehabt zu haben, von der gelegentlichen Teilnahme an Croquet-Turnieren in englischen Seebadeorten einmal abgesehen.

Womit er sich sonst noch beschäftigte, geht aus einer Handvoll Artikel hervor, die er für englische Tageszeitungen schrieb und in denen er sich vor allem mit praktischen Fragen beschäftigt. In einem entwirft er neue Ohrstöpsel für Frontsoldaten, in einem anderen gibt er Ratschläge, wie man als Fußgänger den Zusammenprall mit Fahrzeugen und Trägern von Werbeplakaten verhindern kann. Daneben empfiehlt er Hungerkuren als Heilmittel gegen die Grippe und das Studium der Blindenschrift, um bei der nächtlichen Bettlektüre die Gemahlin nicht zu stören.[10]

Da das Gebiet der Säugetierforschung sehr umfangreich ist, beschäftigte Oldfield Thomas zahlreiche Assistenten. Der genialste war der Däne Knud Andersen, der sich auf die Klassifizierung von

Fledermäusen spezialisiert hatte. Gemeinsam leisteten Oldfield Thomas und Andersen Pionierarbeit bei der Klassifizierung der Säugetiere der Salomonen.

Andersen war als Taxonom mindestens genauso begabt und eifrig wie sein Mentor, und sein Buch über eine der zwei großen Unterordnungen der Fledertiere, die Megachiroptera oder Flughunde, das im Jahr 1912 erschien, ist bis heute das Standardwerk zum Thema. Während des Ersten Weltkriegs arbeitete er an einem lange erwarteten zweiten Band, einer umfassenden Darstellung der zweiten Unterordnung der Fledertiere, der Microchiroptera oder Fledermäuse. Da die Fledermäuse fast ein Viertel aller Säugetierarten ausmachen, handelte es sich um eine herkulische Aufgabe. Nach den zahlreichen wissenschaftlichen Artikeln und Vorabpublikationen zu urteilen, hatte der Däne die Arbeit an dem Buch schon fast abgeschlossen, als er Ende 1918 plötzlich spurlos verschwand. Der einzige Hinweis war eine Bemerkung im Zusammenhang mit seinem letzten Artikel, doch auch dieser gibt keinerlei Aufschluss. In dem Artikel ging es um die Klassifizierung von Blattnasen der Neuen und Großblattnasen der Alten Welt. Der Artikel wurde nicht von Andersen selbst, sondern von Oldfield Thomas zur Veröffentlichung eingereicht, da »Dr. Knud Andersen seine wissenschaftliche Arbeit für eine gewisse Zeit ruhen lassen wird«.[11]

In den folgenden Jahren machten im Museum Gerüchte über Andersens Verschwinden die Runde. Unter anderem hieß es, er habe Selbstmord begangen, weil er das Manuskript, sein Lebenswerk, über die Microchiroptera im Zug liegengelassen hatte. Andere munkelten, er habe während des Kriegs für die Deutschen spioniert und sei aus Angst vor einer Entdeckung von der Insel geflohen. Was immer der Grund gewesen sein mag, alle waren sich einig, dass sein Verschwinden eine Tragödie für die Wissenschaft war. Bis heute hat niemand den Versuch unternommen, seine

Arbeit fortzusetzen, weshalb es noch immer keine umfassende Klassifizierung der Microchiroptera gibt.

Kollegen beschrieben Oldfield Thomas als Hypochonder oder »eingebildeten Kranken«, wie es damals hieß. Unter seinen eher vagen Symptomen waren Herzrasen und Stress. Mit zunehmendem Alter war er besessen von den Auswirkungen der Ernährung, er benötigte seine tägliche Massage und zog sich nach dem Essen in einen verdunkelten Raum zurück, um dort eine Stunde lang zu ruhen. Wie so viele Kuratoren arbeitete er auch nach seiner Pensionierung im Jahr 1923 weiter, als hätte sich nichts verändert, und erschien jeden Morgen pünktlich im Museum. Im Jahr 1928 wurde Oldfield Thomas von einem Schicksalsschlag getroffen. Seine Frau starb, und nach einigen Monaten schien der große Taxonom nicht mehr weiterleben zu wollen. Als langjähriges Mitglied der Gesellschaft für Euthanasie war er vorbereitet. Offenbar wollte er so sterben, wie er gelebt hatte: Eines Tages setzte er sich an seinen Schreibtisch im Museum und erschoss sich.

Wie es in Museen häufig passiert, blieb der Inhalt seines Schreibtischs dreißig Jahre lang unberührt. Dann wurde Ende der 1960er Jahre John Edwards Hill zum Kurator der Säugetierabteilung ernannt. Wie Andersen war Hill Fledermausexperte, und da er sich für das Schicksal seines berühmten Vorgängers interessierte, öffnete er die Schubladen des verstaubten Schreibtischs von Oldfield Thomas. Als ich Hill in den achtziger Jahren kennenlernte, erzählte er mir, zu seiner Überraschung habe er dort einen Brief gefunden, der mit Andersens geheimnisvollem Verschwinden zusammenhing.

Wer einmal in einem Museum gearbeitet hat, den wird es nicht weiter wundern, dass der Schreibtisch von Oldfield Thomas drei Jahrzehnte lang nicht geöffnet worden war. Museen sind der erfolgreichste Versuch des Menschen, die Zeit anzuhalten. Was dort aufbewahrt wird, von Jahrmilliarden alten Fossilien bis zur Haut einer Ratte, die vor hundert Jahren gelebt hat, wird in seinem gegenwärtigen Zustand erhalten. Dabei ist die Fürsorge von Generationen von Kuratoren genauso wichtig wie etwas, das man als wohlwollende Vernachlässigung bezeichnen könnte. Die Lagerräume von Museen sind oft bis unter die Decke mit Kisten gefüllt, die seit Menschengedenken niemand mehr geöffnet hat. Solange die richtige Raumtemperatur und Luftfeuchtigkeit herrschen und die Insekten unter Kontrolle sind, nimmt der Inhalt keinen Schaden.

Unter Kuratoren kursiert die Geschichte von einem französischen Museum, das einmal eine Ladung von Funden aus dem Amazonasgebiet erhielt. Der Biologe, der sie gesammelt hatte, war im Urwald verschollen, und niemand wusste etwas über seinen Verbleib. Da es in dem Museum keinen Spezialisten auf dem betreffenden Gebiet gab, machte sich niemand die Mühe, die Kisten auszupacken, weshalb sie ein Jahrhundert lang in einem Lagerraum herumstanden. Eines Tages nahm ein neugieriger junger Kurator die Arbeit auf. Der öffnete schließlich die Kisten und entdeckte die vertrocknete Leiche des Biologen. Er war im Urwald gestorben, und sein treuer indianischer Mitarbeiter hatte beschlossen, ihn zusammen mit den Funden, für die er sein Leben gegeben hatte, nach Hause zu schicken.

Der Brief, den John Edwards Hill im Schreibtisch fand, war in Andersens Handschrift verfasst und an Oldfield Thomas gerichtet. In den Zeilen gestand der Däne, sein Leben sei ein Scherbenhaufen. Er hatte eine Alkoholikerin geheiratet, doch deren Liebe zum Hochprozentigen sei unerträglich geworden. Auf einer Reise nach Budapest, auf der er Fledermäuse erforschen wollte, habe er sich in eine exotische Tänzerin verliebt. Er verließ seine Frau, nur um festzustellen, dass er nicht wie erhofft mit seiner neuen Angebeteten durchbrennen konnte. Diese hatte nämlich nur montags, mittwochs und freitags Zeit für ihn, da sie an den übrigen Wochentagen einen deutschen Grafen beglückte. Das brach dem größten Fledermausexperten aller Zeiten das Herz, und er verschwand auf Nimmerwiedersehen. Ich fragte mich, ob er in seiner Verzweiflung in die Donau gesprungen war oder sich vielleicht in ein einsames Dorf zurückgezogen hatte, wo er seinen Garten pflegte und nie wieder an Fledermäuse dachte. Leider ist der Brief die letzte Spur, und wir werden wohl nie erfahren, was mit ihm passierte.

✸

Oldfield Thomas musste gewusst haben, welchen Schatz er vor sich hatte, als er Woodfords Kisten öffnete. Eine der erstaunlichsten Neuentdeckungen der Lieferung war eine schwarze Fledermaus von der Größe einer Hauskatze, deren Gesicht ihn an einen Polarfuchs erinnerte. Er gab der großen Fledermaus von Guadalcanal den griechischen Namen *Pteralopex*, was so viel bedeutet wie »geflügelter Polarfuchs« (*Alopex* ist der wissenschaftliche Name des Polarfuchses). Heute wird diese Gattung als Affengesicht-Flughund bezeichnet. Die Affengesichter gehören zu den charakteristischen Tieren der Salomonen und spielen in unserer Geschichte eine Schlüsselrolle.

Doch selbst diese erstaunliche Entdeckung war noch nicht der Stolz von Woodfords Sammlung. Diese Ehre gebührt drei verschiedenen Riesenratten, die der Forscher auf Guadalcanal entdeckte und die bis dahin unbekannt gewesen waren. Oldfield gab ihnen griechische Namen: Die größte nannte er übersetzt »Kaiser«, die mittlere »König« und die kleinste »Schweinchen«.

Diese drei Riesenratten führten mich an einem frostigen Wintermorgen in den achtziger Jahren in den Londoner Vorort Kensington und in den großen Tempel der Naturforscher, das Natural

History Museum. Das Museum hatte im Jahr 1881 seine Pforten geöffnet und ist ein Palast für die Lebewesen der Erde. Das Gebäude selbst ist mit Säulen und Kacheln geschmückt, auf denen zahllose lebende und ausgestorbene Tiere zu sehen sind. Als junger Naturwissenschaftler aus »den Kolonien«, wie Australien damals in London noch etwas abfällig genannt wurde, war ich reichlich nervös, als ich an der Pforte bat, zum Kurator der Abteilung für Säugetiere vorgelassen zu werden. Diese Stelle hatte damals John Edwards Hill inne, der einen legendären Ruf als Fledermausforscher genoss. Ich erwartete einen frostigen und herablassenden Empfang, doch ich wurde herzlich begrüßt und durfte mich frei in der Sammlung bewegen.

Es ist schwer zu beschreiben, welches Gefühl mich überkam, als ich die großen Hallen betrat, in denen die Schätze des Museums aufbewahrt werden. Das Publikum hat hier keinen Zutritt, und nur wenige Forscher waren hierhergepilgert, um die sonderbaren Bewohner der melanesischen Inselwelt zu begutachten. Ich öffnete einen Stahlschrank nach dem anderen und holte die ungewöhnlichsten Tiere ans Licht. Hier lag das einzige existierende Exemplar einer Riesenratte von der Karibikinsel St. Lucia. Dort einige Felle des längst ausgestorbenen Schweinsfuß-Nasenbeutlers aus der Wüste Nordaustraliens. Endlich fand ich die Felle von Woodfords Riesenratten. Aufgeregt zog ich die Schublade auf und wusste gar nicht, wo ich mit meiner Untersuchung anfangen sollte. Schließlich zog ich meine Messgeräte und mein Notizbuch hervor und legte los, denn an Orten wie diesen ist die Zeit ein immens kostbares Gut.

Ich hatte die Welt um mich herum vergessen, als ich plötzlich eine Hand auf meiner Schulter spürte. Ich hatte nicht bemerkt, wie viel Zeit inzwischen vergangen war. Die Hand gehörte John Hill, der mich zum Afternoon Tea einlud. Vor meiner Abreise aus Australien hatten mich Kollegen bereits auf dieses Ritual vorbereitet. Die Teilnahme galt als große Ehre, und ich wurde schon an meinem ersten Tag eingeladen! Doch es fiel mir unendlich schwer, mich von der Sammlung loszureißen. Ich war jedoch froh, dass ich es tat. Im Tearoom waren die Helden meiner Jugend versammelt – Kuratoren, die große Teile der Artenvielfalt unseres Planeten entdeckt hatten –, und mit denen konnte ich mich nun bei einer Tasse Tee von Kollege zu Kollege unterhalten.

Damals hatte ich die Salomon-Inseln noch nicht besucht, und jedes Museumsexemplar, das ich in Augenschein nahm, gab mir wertvollen Aufschluss über diese faszinierende Inselregion. Die Größe der Kaiserratte erstaunte mich. Sie war kräftig, hatte graues Fell und war ungefähr so groß wie eine Hauskatze. Nach ihrem kurzen Schwanz zu urteilen, ihren muskulösen Vorderbeinen und der Erde, die sich noch unter den Klauen des in Alkohol eingelegten Tiers befand, lebte das Tier auf dem Erdboden und war ein eifriger Tunnelbauer. Die Königsratte war etwas kleiner und etwa so groß wie ein Kaninchen. Ihr Fell war eher silbrig als grau, und ihre Proportionen und Füße ließen darauf schließen, dass sie ein geschickter Kletterer sein musste. Wie die Kaiserratte hatte sie einen unbehaarten, schwärzlichen und mit Knötchen besetzten Schwanz. Das Schweinchen unterschied sich jedoch deutlich von beiden. Woodford hatte nur ein einziges Exemplar gefunden, und sein stattlicher Körper mit dem glatten, rötlichen Fell gab kaum Aufschluss über seinen möglichen Lebensraum. Sein Schwanz war jedoch kurz, weshalb das Tier vermutlich nicht in den Baumwipfeln lebte.

Alle drei gehörten zur Gattung *Uromys*, den Mosaikschwanz-Riesenratten. Dabei handelt es sich um einen alten Zweig der Langschwanzmäuse, die vermutlich als eine der Ersten von Südostasien nach Australien und Neuguinea vordrangen. Die Urahnen waren vor schätzungsweise vier Millionen Jahren angekommen und hatten sich zu einem Dutzend Arten differenziert. Doch die genaue Entwicklung war ein Rätsel. Guadalcanal befindet sich in der Mitte der Inselkette, doch die *Uromys* wurden auf keiner anderen Salomonen-Insel gefunden. Auch auf Neuirland kamen sie nicht vor, obwohl das eine Station auf dem Weg zu den Salomonen gewesen wäre. Wie waren die Vorfahren von Kaiser, König und Schweinchen von Neuguinea nach Guadalcanal gekommen, ohne sich unterwegs auf einer einzigen Insel niederzulassen?

Es gab einige mögliche Erklärungen. Vielleicht waren die alten *Uromys* direkt von Neuguinea nach Guadalcanal getrieben worden, oder vielleicht hatten sie sich tatsächlich auf dem Weg dorthin auf anderen Inseln niedergelassen, waren aber dort inzwischen ausgestorben. Genauso war es jedoch denkbar, dass die drei Arten gar nicht zur Familie der *Uromys* gehörten, sondern sich dieser nur in einem Prozess der konvergenten Evolution angenähert hatten. Die konvergente oder Parallelevolution ist ein bekanntes Phänomen, das zum Beispiel die Ähnlichkeit zwischen Wolf und Beutelwolf erklärt. Gerade unter Nagetieren kommt sie häufig vor. Sie ließ sich am besten mit Hilfe einer DNA-Analyse nachweisen, doch dazu war eine Expedition nach Guadalcanal erforderlich, denn die Exemplare aus dem Natural History Museum waren für eine derartige Untersuchung damals nicht geeignet.

Das Problem war nur, dass der Kaiser und das Schweinchen zum letzten Mal vor einem Jahrhundert beobachtet worden waren und der König vor sechzig Jahren. Die Ausrottung von Inselarten hatte sich in den letzten Jahrzehnten beschleunigt, und vielleicht wäre eine Reise sinnlos. Überall taten sich Hindernisse auf. Die größte Schwierigkeit für mich als jungen Wissenschafter bestand jedoch darin, Fördermittel für eine Expedition aufzutreiben. Meine größte Hoffnung war die National Geographic Society, weshalb ich nach meiner Rückkehr nach Australien ein bescheidenes Projekt entwarf, um Fördergelder für die Suche nach Kaiser, König und Schweinchen zu beantragen. Zu meiner

Freude beschloss die Gesellschaft, meine Expedition zu unterstützen, und zwar mit der fürstlichen Summe von 7 000 US-Dollar. Es war mein erster größerer Forschungszuschuss, und ich war entschlossen, jeden Cent davon gut anzulegen.

Der größte Teil des Geldes ging für Flugtickets und die Vorbereitungen der Reise nach Guadalcanal drauf. Es war meine erste Reise zu den Salomonen, und so dankbar ich für die Fördermittel war, musste ich bald feststellen, dass mein Geld nicht allzu weit reichte. Wenn ich, wie ich es mir vorgenommen hatte, jede große Inselgruppe zwischen dem Südwestpazifik und den Molukken erforschen wollte, dann benötigte ich eine größere Geldquelle, die vor allem konstant sprudelte. Diese tat sich schließlich auf, wenngleich auf völlig unerwartete Weise.

Im Jahr 1988 hatte ich in einer beliebten australischen Fernsehsendung meine Forschung zu den Baumkängurus Neuguineas vorgestellt. Ein paar Tage später erhielt ich einen Brief von einem Rechtsanwalt aus Sydney. Der Anwalt bat mich um ein Treffen und erklärte mir, eine seiner Mandantinnen habe in ihrem Testament Geld zur Förderung des Artenschutzes hinterlassen. Er verstehe wenig von dem Thema und frage sich, ob ich nicht vielleicht einen Teil des Geldes haben wolle.

Besagte Mandantin war eine einfache australische Frau, die mit ihrem Vermögen zum Schutz der vom Aussterben bedrohten Arten der Region beitragen wollte. Winifred Violet Scott war eine von sieben Geschwistern, die alle ledig geblieben waren. Sie lebten ein bescheidenes Leben, kauften Häuser und legten ein wenig Geld auf die hohe Kante. Nach ihrem Tod vererbten sie ihr Vermögen an ihre Brüder und Schwestern weiter, bis sich Winifred schließlich im Besitz von sieben Häusern und sieben Sparkonten war. Aber obwohl Miss Scott nun ein kleines Vermögen besaß, behielt sie ihren sparsamen Lebenswandel bei. Kurz vor ihrem Tod suchte sie den Anwalt auf und erklärte ihm, sie wolle ihre irdischen Besitztümer einer Stiftung zum Erhalt bedrohter Tierarten hinterlassen.

Der Anwalt hatte zunächst versucht, Miss Scott von ihrem Vorhaben abzubringen und ihr vorgeschlagen, das Geld lieber der Krebsforschung oder der Kinderhilfe zu hinterlassen. Doch Miss Scott hatte sich entschieden und änderte ihr Testament entsprechend.

Nach dem Ableben von Miss Scott stellte der Anwalt fest, dass das Vermögen der Dame weit größer war, als er angenommen hatte, und er nicht wusste, wie er es vergeben sollte. Er hatte erwogen, die gesamte Summe dem Siedler-Museum Stockman's Hall of Fame in Queensland zu hinterlassen, doch das entsprach nicht den Vorgaben des Testaments. Im Verlauf unseres Gesprächs kam der Anwalt zu dem Schluss, dass Miss Scott sicher stolz gewesen wäre, eine umfassende Bestandsaufnahme der Fauna der Inseln Ozeaniens zu finanzieren. So kam es, dass im Jahr 1989 die Scott-Expeditionen ins Leben gerufen wurden. Fünf Jahre lang bereisten Forscherteams die Inselwelt zwischen den Molukken und den Fidschis und machten biologische Entdeckungen, die weder ich noch irgendjemand sonst für möglich gehalten hätten.

Unsere Expeditionen waren so erfolgreich, dass wir bald die Unterstützung der Präparatoren des Australischen Museums benötigten. George Hangay hatte alles in seiner Macht Stehende getan, um den steten Strom von Exemplaren zu reinigen und auszustopfen, doch irgendwann war selbst er überfordert. Professionelle Präparatoren sind Mangelware, und während er händeringend nach einem Assistenten suchte, wuchs der Berg immer weiter an. Bis eines Tages völlig unverhofft ein junger chinesischer Einwanderer in der Tür des Museums stand. Alex Wang sprach kaum Englisch, doch irgendwie gelang es ihm zu kommunizieren, dass er kürzlich aus einer Stadt namens Urumchi in der entlegenen chinesischen Provinz Sinkiang gekommen war und nach Arbeit suchte. Er hatte keine Zeugnisse oder Empfehlungsschreiben, die auf seine letzte Anstellung oder seine Qualifikationen schließen ließen. Stattdessen öffnete er seinen Trenchcoat: Auf der Innenseite hingen Dutzende ausgestopfter Vögel und kleiner Säugetiere.

George bot Alex an, eine Woche lang freiwillig im Museum zu arbeiten, damit er sich von der Qualität seiner Arbeit überzeugen konnte. Alles verlief zufriedenstellend, bis Alex am Freitagnachmittag mit ausgestreckter Hand auf George zuging. Alex sprach so gut wie kein Englisch, und das Wort »Freiwilliger« kam in seinem Wortschatz nicht vor. Aber da seine Arbeit ausgezeichnet gewesen war, bezahlte ihn George aus seiner eigenen Tasche und sorgte dafür, dass Alex fest angestellt wurde. Mit der Hilfe seines neuen Assistenten hatte er den Rückstand bald aufgeholt. Nun konnten wir unsere Ergebnisse auswerten, und schon bald folgte eine wissenschaftliche Veröffentlichung auf die nächste.

Auf den Salomonen gibt es nur eine größere Ortschaft, und das ist die Hauptstadt Honiara auf Guadalcanal. Woodfords alte Hauptstadt Tulangi wurde nach der japanischen Invasion im Jahr 1942 aufgegeben. Bei meiner Ankunft im Jahr 1987 war die Nation erst seit einem Jahrzehnt unabhängig. Beim Anflug auf Henderson Field am Rande der Hauptstadt sah ich durch das Fenster des Flugzeugs die majestätischen, wolkenverhangenen Gipfel von Makarakomburu und Popomanaseu. Würde ich dort Woodfords Ratten finden? In der Nähe der Küste verrieten Streifen von toten Bäumen, dass die Wälder in geringeren Höhen mit Äxten und Feuer gerodet wurden. Ich war fest entschlossen, eines Tages die Gipfel zu erklimmen, die Woodford getrotzt hatten, aber dieser Moment war noch nicht gekommen. Ich hatte noch nicht genug Erfahrung, und trotz der unheilverkündenden Rodungen sollte meine Suche nach den Riesenratten näher an der Zivilisation beginnen.

In den Jahren nach meiner Expedition wurde die Hauptstadt durch einen Bürgerkrieg zwischen Einwanderern von der Nachbarinsel Malaita und den ursprünglichen Einwohnern von Guadalcanal nahezu zerstört. Während meines Aufenthalts war die Auseinandersetzung nicht mehr als eine dunkle Wolke am Horizont, die sich in gelegentlichen Streitigkeiten und Schlägereien entlud. Doch in den folgenden Jahren verfolgte ich erschüttert in den Nachrichten, wie der Konflikt eskalierte. Zunächst wurde er noch mit Pfeil und Bogen ausgetragen, doch schon bald kamen Gewehre und sogar Panzerfahrzeuge zum Einsatz. Besonders gefürchtet war ein selbstgebauter Panzer, mit dem Dörfer plattgewalzt und Angriffe auf feindliche Stellungen gefahren wurden. Es handelte sich um einen Bulldozer, der von einem Goldbergwerk gestohlen und rundum mit roh zusammengeschweißten Eisenplatten gepanzert worden war. Aus jeder Lücke starrten Pistolen, Gewehre und Pfeile. Wenn dieses Monster durch den Urwald pflügte, erinnerte es an die brutalen Endzeitbilder eines *Mad Max*-Films.

9
ANLAUF ZUM GIPFEL

Vor meiner Ankunft in Honiara hatte ich mich mit David Roe in Verbindung gesetzt, einem Archäologen, der auf den Salomonen arbeitete und nördlich der Hauptstadt am Fluss Poha in einer Höhle Ausgrabungen durchgeführt hatte. Unter den Knochen fanden sich unter anderem die Kiefer einer Kaiserratte. Da sie noch verhältnismäßig frisch aussahen, hoffte ich, dass das Tier noch in der Region vorkam. Als David vorschlug, mich einigen Leuten in einem Dorf in der Nähe der Höhlen vorzustellen, ergriff ich die Gelegenheit.

Das Dorf, das kurz hinter dem Stadtrand von Honiara lag, erwies sich als Treffpunkt für Prostituierte und Freier, die zu allen Tages- und Nachtzeiten mit dem Taxi hierherkamen. Da das Dorf so nahe an der Stadt lag, fuhren die jungen Männer oft ins Zentrum, um sich zu betrinken und um dann wieder nach Hause zu fahren und dort Ärger zu machen. In der ersten Nacht ließen mich das Geschrei der Betrunkenen und das Kommen und Gehen der Prostituierten und ihrer Kundschaft kaum zum Schlafen kommen. Schlimmer war jedoch, dass das Dorf so weit vom Wald entfernt lag.

Meine Stippvisite war trotzdem nicht umsonst, denn in dem Dorf lernte ich einige ältere Männer kennen, die Woodfords Ratten mit eigenen Augen gesehen hatten. Einer behauptete sogar, er habe während des Zweiten Weltkriegs eine Kaiserratte gefangen. Er nannte sie *kandora mbo*, was so viel bedeutet wie »Erdpossum«, und berichtete, sie lebe in Erdhöhlen; das bestätigte meine

Vermutung, dass das Tier auf dem Boden lebte. Der Mann riet mir, die Ratte in den Hügeln zu suchen, wo der Wald noch erhalten war. Das ließ ich mir nicht zweimal sagen und machte mich am späten Vormittag in Begleitung einiger Landbesitzer auf den Weg. Beladen mit Instrumenten marschierten wir durch das Gras und die spärlich nachwachsenden jungen Bäume. Es war drückend schwül, und ich war froh, als wir in ein steiles Tal kamen, in dem der ursprüngliche Baumbestand weitgehend erhalten geblieben war. Das Beste war jedoch, dass der Poha hier ein Becken bildete, in dem sich das kristallklare Wasser sammelte, ehe es durch eine Felskaskade weiterfloss. Hier tummelten sich Frischwassergarnelen und kleine, bunte Fische. Es war der perfekte Ort für unser Lager.

Nach einem erfrischenden Bad bereitete ich ein Essen aus Reis und Makrelen zu – das typische Essen der Feldarbeiter auf den Salomonen. Bei Sonnenuntergang erhob sich in der Ferne der sirenenhafte Gesang der Zikaden, und allmählich wurden die Nachttiere munter. Die meisten Säugetiere Melanesiens sind nachtaktiv, weshalb dieser Moment für Säugetierforscher der aufregendste des Tages ist. Ich war allerdings nicht darauf vorbereitet, dass sich eine große Diadem-Rundblattnase mit einer Flügelspannweite von der Länge meines Unterarms einen Meter vor mir entfernt auf dem Ast eines toten Baums niederließ, während ich mein Abendessen verzehrte. Ihr komplexes Nasenblatt zitterte, als sie ihren pulsierenden Ultraschallschrei ausstieß, mit dem sie die Welt entschlüsselt. Als die Schallwellen zu dem rastlosen Tier zurückkamen, wand es seinen Körper in verschiedene Richtungen und drehte seine Ohren wie Radarschüsseln. Ich fragte mich, wie ich wohl in seiner Ultraschallwelt aussehen mochte. Vielleicht konnte die Fledermaus mit Hilfe der Schallwellen durch mich hindurch »sehen« und in meinem Magen das Abendessen aus Reis und Makrelen erkennen, das ich eben gegessen hatte. Oder vielleicht sah sie meine Lebensenergie – das Blut, das durch meine Adern floss, und die elektrischen Entladungen in meinem Gehirn, mit denen sie meine Handlungen und Gedanken vorwegnehmen konnte. Was immer sie sah, es schien sie offenbar nicht sonderlich zu interessieren, denn schon bald erhob sich das majestätische Tier und machte sich auf die Jagd nach Käfern und anderen Insekten. Die Nahrungssuche ist eine anstrengende Arbeit: Die sechzig Gramm schwere Fledermaus muss Nacht für Nacht ihr Eigengewicht an Insekten fressen, nur um zu überleben.

Nach Einbruch der Dunkelheit schwirrten überall Fledermäuse. Kleinere streiften mein Gesicht auf der Jagd nach Mücken, während über mir die Flügel großer Flughunde rauschten. Die Salomonen sind eine Welt der Fledermäuse, vor der Ankunft des Menschen waren sie neben den Ratten die einzigen Säugetiere, die zu diesem fernen Außenposten vorgedrungen waren. Seither wurde die Fauna bereichert, zuerst durch den Kuskus, der vermutlich vor sechstausend Jahren vom Bismarck-Archipel eingeschleppt wurde, und in den vergangenen drei Jahrtausenden durch Schweine, Hunde und gemeine Ratten. Die Europäer brachten Vieh und Katzen, die verwilderten. Trotzdem wird die Insel bis heute von Fledermäusen beherrscht. Da sind zum einen die Insektenfresser, angefangen von kleinen, unauffälligen Höhlenbewohnern bis hin zu einem großen Vetter der Diadem-Rundblattnase, die ich eben gesehen hatte. Und zum anderen die Flughunde, angefangen von den zierlichen orange-, schwarz- und rosagetüpfelten Salomon-Langzungenflughunden bis hin zu den größten und vermutlich sonderbarsten, den beeindruckenden Affengesicht-Flughunden von Bougainville. Viele dieser Fledermäuse kommen nur hier vor, und ihre Vorfahren gehörten zu den ersten Säugetieren, die sich auf diesen Inseln niedergelassen hatten.

Während ich die flatternde Vielfalt bewunderte, erhob sich aus einer gut hundert Meter entfernten Baumkrone ein riesiges, vollständig schwarzes Wesen. Es war ein Guadalcanal-Affengesicht-Flughund, der Erste seiner Art, den ich je lebendig gesehen hatte.

Da sich die Flughunde überwiegend von Früchten ernähren, haben sie einfache Zähne und schwache Kiefer. Als ihre Vorfahren auf den Salomonen ankamen, fanden sie Inseln vor, auf denen keine anderen Säugetiere lebten, vielleicht mit Ausnahme der Ratten. Die Bäume ihrer neuen Heimat bogen sich unter Nüssen und festen Früchten, von Kokosnüssen über Mandeln bis zu Lichtnüssen. Auf dem Festland habe einige Beuteltiere und Nager die Fähigkeit entwickelt, diese Nüsse zu knacken. Die Flughunde ernähren sich dagegen von Blütennektar und weichen Früchten. Sie haben schwach ausgebildete Backenzähne, vermutlich genau wie die Vorfahren der Affengesichter. Doch als sie versuchten, die harten Früchte und Nüsse zu verzehren, wurden diejenigen von der Evolution bevorzugt, die sich nicht die Zähne ausbissen.

Daher haben die heutigen Affengesicht-Flughunde ausgeprägte Backenzähne mit dickem Zahnschmelz sowie eine erstaunlich kräftige Kaumuskulatur. Auf den Salomonen leben fünf Arten, auf den Fidschi-Inseln eine, und die größten Arten haben derart starke Zähne, dass sie selbst junge Kokosnüsse damit knacken können. Alle Arten haben kurze, kräftige Schnauzen, kleine, im Fell versteckte Ohren und auffällig rote oder orangefarbene Augen, die an Lemuren erinnern. Daher auch ihr Name.

Wenn ich mich den Affengesicht-Flughunden besonders verbunden fühle, dann auch, weil einer meinen Namen trägt. Er wurde von Kris Helgen beschrieben, meinem früheren Doktoranden und heutigen Leiter der Säugetierabteilung der Smithsonian Institution. Während seines Studiums beantwortete Kris eine Frage, die Säugetierforscher schon seit den Tagen von Oldfield Thomas und Knud Andersen beschäftigte. Beide Männer hatten riesige, schwarze Affengesicht-Flughunde von den Salomonen beschrieben – die von Oldfield Thomas beschriebenen stammten von Guadalcanal, und Andersens von Bougainville. Die Population von Bougainville schien zwar vielfältig zu sein, doch kein Forscher hatte genug Exemplare gesehen, um eine definitive Klassifizierung vorzunehmen. Nachdem Kris sämtliche Museumsexemplare der Welt ausgewertet hatte, kam er zu dem Schluss, dass es auf Bougainville zwei Arten gab, deren Verbreitungsgebiete sich weitgehend überlappten. Die größere der beiden – ein schwarzes Tier mit der Flügelspannweite eines kleinen Adlers – hatte noch keinen wissenschaftlichen Namen erhalten. Sie zeichnete sich durch enorm kräftige Zähne und Backenmuskeln aus, mit denen sie sicher auch die härtesten Nüsse des Urwalds knacken konnte. Kris nannte sie *Pteralopex flanneryi*, in Anerkennung meiner Forschungsarbeit in Melanesien.

Das Flannery-Affengesicht wurde nie lebend fotografiert, und über seinen Lebensraum ist so gut wie nichts bekannt. Obwohl es nach mir benannt ist und ich auf den Salomonen gearbeitet habe, habe ich es noch nie in freier Wildbahn gesehen. Wenn ich das noch möchte, muss ich mich vermutlich beeilen, denn wie viele der typischen und alten Bewohner der Salomonen lebt es im Urwald, und der fällt rasch der Axt zum Opfer. In ihrer Roten Liste kategorisiert die International Union for the Conservation of Nature (IUCN) alle Affengesicht-Flughunde als gefährdet oder vom Aussterben bedroht.

Aufgrund eines Tricks der Natur sind die Affengesicht-Flughunde besonders elegante Flieger. Ihre Flughäute sind in der Mitte auf dem Rücken zusammengewachsen, was ihnen eine gewaltige Flügelspannweite verleiht. Obwohl sie bis zu einem Kilogramm schwer werden, sind sie daher in der Lage, langsam zu fliegen, präzise zu steuern und, wenn nötig, sogar rückwärts zu fliegen. Diese Anpassung könnte bei der Nahrungssuche im Gewirr der

Äste unter dem Blätterdach des Urwalds entscheidend gewesen sein.

Dass es am Poha Guadalcanal-Affengesicht-Flughunde gab, deutete ich als gutes Zeichen für meine Suche nach den Riesenratten. Als ich in dieser Nacht zusammen mit zwei Jungen aus dem Dorf aufbrach, hatte ich schwere Beine von den Anstrengungen des Tages und war zum Umfallen müde. Der Pfad war schwierig, und wir mussten über Felsbrocken klettern und Abhänge hinunterrutschen. Die ganze Zeit suchte ich mit der Taschenlampe die Baumkronen ab und hielt mein Gewehr bereit. Wir waren noch keine fünfzig Meter weit gegangen, als ich bemerkte, wie sich neben dem Pfad ein Zweig bewegte. Ich sah genauer hin und beobachtete, wie ein rotes Tier von der Größe eines Katzenjungen den Ast erklomm. Ich hatte nie eine Ratte dieser Art gesehen, und als sie aus der umliegenden Vegetation auftauchte, schnüffelte sie kurzsichtig in unsere Richtung. In der Hoffnung, das Tier lebend zu fangen, strahlte ich es mit meiner Taschenlampe an und bedeutete einem meiner Begleiter, sich von der anderen Seite zu nähern. Erstaunt und erschrocken musste ich zusehen, wie er locker den Arm ausstreckte, als wolle er das Tier mit der Hand herunterpflücken. Augenblicklich sprang die Ratte von ihrem Ast in das dichte Gestrüpp neben dem Weg und verschwand. Verwirrt erklärte mir der Junge, er habe das Tier für ein Kuskus-Junges gehalten (die ebenfalls rot sind); diese Tiere seien so langsam, dass man sie einfach mit der Hand fangen kann.

Während meiner ganzen Zeit auf den Salomonen sollte dies das erste und letzte Mal gewesen sein, dass ich diesen geheimnisvollen roten Nager sah. Sollte es sich um das Schweinchen gehandelt haben, das Woodford vor mehr als einem Jahrhundert mitgebracht hatte und von dem nur dieses eine Exemplar bekannt war? Ich habe in den folgenden Jahren immer wieder über diese Frage nachgedacht und versucht, mir die Einzelheiten dieses

Abends ins Gedächtnis zu rufen. Aber bis heute bin ich nicht sicher, ob es sich um das Schweinchen oder um eine andere, bislang unbekannte Art handelte. Ich würde jedoch Letzteres vermuten, denn die Leichtigkeit, mit der das Tier den Zweig erkletterte, passt nicht so recht zu dem pummeligen Körper und dem kurzen Schwanz des Schweinchens, das ich im Natural History Museum gesehen hatte.

Dieses Erlebnis verdeutlichte mir einmal mehr, wie wichtig es für Biologen ist, ein Exemplar von einem Tier zu bekommen. Ohne den physischen Beweis kann man sich nie sicher sein, welches Tier man gesehen hat. Das heißt jedoch auch, dass man vom Aussterben bedrohten Arten nur helfen kann, wenn man ein Exemplar erlegt. Das Schweinchen gilt heute als ausgestorben, aber wenn ich hätte nachweisen können, dass es in der Poha-Schlucht eine kleine Population gab, hätte man Maßnahmen zu deren Schutz ergreifen können.

Während der nächsten Stunden nach diesem aufregenden Moment sah ich nur Possums, Vögel und Fledermäuse. So faszinierend sie waren, ihretwegen war ich nicht gekommen. Ich war kurz davor, die Suche abzublasen und mich auf den Rückweg zum Lager zu machen, als ich hoch über mir auf einer Liane zwischen zwei Baumriesen etwas Silbernes entdeckte. Ich reckte den Hals und sah, wie sich vor dem Hintergrund des dunklen Himmels die Silhouette einer Ratte abzeichnete. Beim Sammeln von Säugetierexemplaren ist eine Schrotflinte ein wenig geeignetes Werkzeug, selbst wenn sie mit feinem Schrot gefüllt ist, und ich verwende sie nur ungern. Aber während meiner Feldforschungen in den achtziger Jahren blieb mir keine andere Wahl, wenn ich ein Tier definitiv bestimmen wollte.

Als ich abdrückte, war das silbrige Leuchten bereits hinter den Blättern verschwunden. Da ich direkt nach oben schoss, kugelte mir der Rückschlag fast die Schulter aus. Aber dann fiel mir eine prächtige männliche Ratte von der Größe einer kleinen Hauskatze vor die Füße. Es war der Rattenkönig *Uromys rex*, und er war mausetot. Ich verspürte einen Moment der Trauer, aber als ich ihm ins Maul sah, um ihn zu bestimmen, legte sich mein Schuldgefühl. Es handelte sich um einen alten Herrn, dessen Backenzähne schon bis auf die Wurzeln abgenutzt waren. Ohne seine Zähne hätte er vermutlich ohnehin nur noch einige Wochen zu leben gehabt.

Der Tod dieser alten Ratte half mir, die Situation aller Rattenarten auf den Salomonen besser zu verstehen. Mit seinem Gewebe konnten wir eine DNA-Analyse vornehmen, die bestätigte, dass er mit den Mosaikschwanz-Riesenratten Australiens und Neuguineas verwandt war, auch wenn sich die Art vor sehr langer Zeit abgespalten hatte. Das bedeutete, dass eine dieser Riesenratten vor Jahrmillionen die erstaunliche Reise von Neuguinea nach Guadalcanal unternommen haben musste. Die Entfernung ist gewaltig, und ähnlich wie Mendaña musste dieser Eroberer auf einer Insel mitten im Archipel an Land gegangen sein. Die tote Ratte verriet uns aber nicht nur etwas über die Vergangenheit. Die Untersuchung ihres Körperbaus und ihres Mageninhalts ließ auch Schlüsse über ihren Lebenswandel und ihre Ernährungsgewohnheiten zu. Wie viele andere der alten Arten, die nur auf den Salomonen vorkommen, benötigt sie zum Überleben den Urwald. Das Exemplar war aber vor allem der entscheidende Beweis, dass die Königsratte noch nicht ausgestorben war und dass Maßnahmen zum Schutz der Art getroffen werden konnten.

Aber was war mit der Kaiserratte? Hatte sie in einer abgelegenen Ecke der Inseln überlebt? Weitere Untersuchungen in der Poha-Schlucht und anderen tiefliegenden Regionen von Guadalcanal lieferten keinen Hinweis. Alte Jäger behaupteten allerdings, sie hätten das Tier zwar seit Jahrzehnten nicht gesehen, doch in den Bergen habe es vermutlich überlebt. Ich musste also etwas versuchen, was Charles Woodword nie gelungen war, und Mount

Popomanaseu oder Mount Makarakomburu besteigen. Doch das Unterfangen sollte sich als langwieriger und schwieriger erweisen, als ich es mir jemals ausgemalt hatte.

Als ich im Jahr 1987 auf die Salomon-Inseln zurückkehrte, wollte ich diese Herausforderung angehen, doch das Schicksal machte mir einen Strich durch die Rechnung. Ich hatte das Glück, den australischen Fotografen Mike McCoy kennenzulernen, der mit einer Frau von Malaita verheiratet war und die Salomonen bestens kannte. Er hatte unter den Einwohnern eine gewisse Berühmtheit erlangt, weil er viele der Postkarten hergestellt hatte, die in den Läden der Insel verkauft wurden. In den kommenden Jahren sollten Mike und ich immer wieder zusammenarbeiten. Als ich ihm sagte, dass ich die Berge besteigen wollte, meinte er, das erfordere sorgfältige Planung. Während er seine Fühler ausstreckte, konnten wir die weitere Umgebung von Honiara erforschen. Als Erstes führte er mich zu den Gumburota-Höhlen hinter der Hauptstadt, in der Fledermäuse nisteten. Während des Zweiten Weltkriegs hatte es hier heftige Gefechte gegeben, und Mike hatte unlängst in einem Strauch einen Hüftknochen gefunden. Er stammte von einem großgewachsenen Mann, vermutlich einem amerikanischen Soldaten, und wies Spuren eines Schwerthiebs auf. Als wir vor den Höhlen standen, stellte ich mir vor, wie ein amerikanischer GI an der Stelle stand, an der wir nun standen, während sich aus dem Dunkel ein japanischer Offizier mit gezücktem Samurai-Schwert auf ihn stürzte. Der Amerikaner war vermutlich allein und musste hier verblutet sein. Ein halbes Jahrhundert lang hatte er auf der Vermisstenliste gestanden, ohne dass seine Familie je von seinem Schicksal erfahren hatte. Plötzlich wurde die Tragödie des Kriegs, dessen Spuren der Verwüstung ich überall in Melanesien gesehen hatte, sehr real.

Die Gumburota-Höhlen am Fluss Kehove sind tief und nass, denn auf ihrem Grund fließt ein kleiner Fluss. Vor allem sind sie voller Fledermäuse. Einer der vielen Leiber, die ich im Licht der Taschenlampe herumschwirren sah, gehörte der größten insektenfressenden Fledermaus, die ich je gesehen habe. Wir hängten ein Netz auf und fingen ein Tier, das sich als Salomon-Riesenhufeisennase erwies. Es ist die größte insektenfressende Fledermaus in ganz Melanesien und kommt nur auf den zentralen und nördlichen Salomon-Inseln vor.

Ihren Namen haben die Fledermäuse von einem hufeisenförmigen Hautgebilde in ihrem Gesicht. Es besteht aus drei blattartigen Schichten, über die sie die Schallwellen auffangen, mit denen sie sich orientieren und ihre Beute suchen. Statt mit einem Hufeisen könnte man das Gebilde auch mit einer Blüte vergleichen. Diese eindrucksvollen Tiere erreichen eine Flügelspannweite von bis zu 60 Zentimetern und wiegen bis zu 80 Gramm. Mit ihren kräftigen Zähnen und Kiefern knacken Riesen-Hufeisennasen selbst die größten und zähesten Käfer. Doch das Tier, das ich aus dem Netz befreite, war freundlich und ließ sich messen und fotografieren, ohne mich zu beißen. Spätere Untersuchungen ergaben, dass es sich um eine besonders seltene Art handelte, deren Zahl aufgrund der Rodungen und anderer menschlicher Aktivitäten vermutlich schrumpft. Leider sollte es das letzte Mal sein, dass ich eine Kolonie dieser Größe (mit einigen Dutzend Exemplaren) zu sehen bekam.

Wenn man in eine Höhle steigt, weiß man im Voraus nie, was man findet. Auf dem Rückweg zum Eingang hörte ich plötzlich, wie neben mir etwas an die Wand klatschte. Als ich mit der Taschenlampe hinleuchtete, strahlten mir die Augen eines Riesenfroschs entgegen. Es war ein *Discodeles guppyi*, so groß wie eine Suppenschüssel und mit Augen größer als Murmeln. Es ist der größte Frosch Ozeaniens, ein erstaunliches Beispiel für den Insel-Gigantismus – und wenn die Dorfbewohner einen finden, ist er außerdem eine üppige Mahlzeit.

Auf dieser Reise sollte ich weitere sonderbare Amphibien und Reptilien kennenlernen, darunter Frösche, die aussahen wie verwelkte Blätter von Urwaldbäumen, und ein bedrohlich aussehendes Wesen namens Riesenkrokodilskink. Mike hatte diese sonderbaren Eidechsen auf den Shorthand-Inseln, den nördlichsten der Salomonen, entdeckt. Sie waren schwarz, rund 25 Zentimeter lang und mit krokodilähnlichen Schuppen bedeckt; um die Augen hatten sie blutrote Haut. Vor allem hatten sie beeindruckende Kiefer, und Mike versicherte mir, dass sie damit schmerzhaft zubeißen konnten.

Die Skinks, Frösche und Fledermäuse waren zwar hochinteressant, aber für mich nur ein Nebenschauplatz. Ich war auf der Suche nach den Riesenratten und fest entschlossen, sie in den legendären Bergwäldern zu suchen, in denen sie möglicherweise noch lebten. Mike meinte, der einfachste Aufstieg wäre ein Bergrücken namens Gold Ridge, auf dem auch das Edelmetall abgebaut wurde. Es schien ein Leichtes zu sein, den Berg von dieser 600 Meter hohen Erhebung hinter Honiara aus zu besteigen. Doch das Goldbergwerk hatte unter den Menschen in den Bergen zu sozialen Unruhen geführt und eine Gier provoziert, die selbst dem Möchtegern-Eroberer Mendaña alle Ehre gemacht hätte.

Die Straße zum Bergwerk führte über abgeholzte Hänge bis auf die kühlere Anhöhe, auf der sich auch das Abbaugebiet befindet. Aus der gesamten Bergregion strömten die Menschen hierher und errichteten ein improvisiertes Hüttendorf mit allen sozialen Problemen, die für gewöhnlich mit einem solchen Slum einhergehen. Wir hielten unser Auto in der Nähe einiger Hütten an und versuchten, das Dorfoberhaupt ausfindig zu machen. Wir hatten kaum den Mund aufgemacht, als ein übergewichtiger und verdreckter Riese aus einer Hütte kam. Mit seinen blutunterlaufenen Augen und seinen verbundenen Armen und Beinen sah er aus, als hätte er eine lange Nacht hinter sich. Er war offensichtlich wenig erfreut über unsere Ankunft und erklärte uns, das Land oberhalb des Lagers gehöre ihm, und er wolle uns nur passieren lassen, wenn wir ihm 2000 US-Dollar bezahlten. Das war viel Geld und hätte meine Forschungsmittel aufgefressen. Deshalb versuchten wir, mit ihm zu handeln. Der Mann lehnte zornig ab; dabei sah er uns drohend an und ballte die Fäuste, als wollte er auf uns losgehen. Auf den Salomonen sind Landbesitzer kleine Könige, und angesichts dieser Feindseligkeit blieb uns nichts anderes übrig, als nach Honiara zurückzufahren und einen neuen Plan zu schmieden.

Nach reiflicher Überlegung schlug Mike vor, lieber vorerst auf anderen Inseln des Archipels zu forschen und den Ausflug in die Berge auf einen späteren Besuch zu verschieben. Widerwillig stimmte ich zu und fürchtete schon, dass ich genauso wenig Glück haben könnte wie Woodford. Ein Gutes hatte mein Besuch allerdings: Im Lager lernten wir einen jungen Mann aus einem Dorf namens Valearanisi kennen. Das Dorf lag auf der anderen Seite des Berges an der sogenannten Wetterküste. Diese Gegend, in der pro Jahr mehr als acht Meter Niederschlag fallen, ist noch fast genauso unzugänglich wie zu Woodfords Zeiten. Peter meinte, wenn wir es nach Valearanisi schaffen würden, wären unsere Probleme gelöst. Er versicherte uns, dort seien die Menschen freundlich und es wimmele nur so vor Riesenratten. Ein alter Mann, der dort lebe, heiße sogar *Hue Hue*, nach dem örtlichen Namen für die Kaiserratte, die er angeblich in großen Mengen gefangen hatte.

Ich überlegte also, ob ein Besuch an der Wetterküste sinnvoll sein könnte, und las dazu alles, was ich finden konnte. Was ich las, bereitete mir Kopfzerbrechen. Die Gegend galt als die gesetzesloseste im gesamten Südwestpazifik, dort herrschten Kriegsfürsten, für die Gewalt genauso zum Alltag gehörte wie für die alten

Krieger der Insel. Ich fürchtete, wenn wir dorthin fuhren, um den Mount Makarakomburu zu besteigen, dann käme das einer Zeitreise in die Tage der Kopfjäger gleich.

Als wäre die politische Lage nicht schon schlimm genug, stellte uns eine Reise in die Region außerdem vor gravierende logistische Probleme. Es gab keinen Flugplatz, und das Wetter ist, wie der Name vermuten lässt, trügerisch. Eine Reise dorthin erforderte sorgfältige Planung, und es war ratsam, die Salomonen und ihre Einwohner erst besser kennenzulernen, ehe ich mich dorthin wagte. Daher beschloss ich, vor einem Aufstieg zum Mount Makarakomburu erst die Inseln Makira und Malaita zu besuchen. Diese Inseln liegen am östlichen Ende der Salomonen und waren beide kaum erforscht. Das versprach die Begegnung mit vielen unbekannten Arten.

10

MAKIRAS GEHEIMNISVOLLE BEWOHNER

Die Insel Makira, die früher San Cristobal hieß, ist die abgelegenste der größeren Salomoninseln. Sie liegt weit südöstlich von ihren Nachbarinseln Guadalcanal und Malaita im weiten Ozean und ist ein großer, zerklüfteter und dünn besiedelter Kalkfels mit dichtem Urwald und einer ganz eigenen Fauna. Trotz der großen Entfernung müssen die meisten Bewohner der Insel von Guadalcanal oder Malaita gekommen sein, genau wie ich bei meinem ersten Besuch.

Unter den Pionieren waren einige Vogelarten, aus denen sich ganz und gar einmalige und auffällige Arten entwickelten. Sie müssen vor mehr als einer Million Jahren angekommen sein und wurden im Laufe der Zeit von der Evolution vollkommen verwandelt. Eine typische Art, die nur auf Makira vorkommt, ist Sclaters Honigfresser, ein großer Vogel mit braunen Federn, einem langen, elfenbeinfarbenen Schnabel und hellen Augen. Er war außerordentlich erfolgreich und ist weit verbreitet, selbst in der Nähe von Dörfern. Andere endemische Arten der Insel sind seltener und weniger bekannt. Vom Makira-Flughund und der Makira-Hufeisennase gibt es lediglich eine Handvoll Museumsexemplare, die noch aus dem 19. Jahrhundert stammen. Aber ich interessierte mich vor allem für einen anderen Bewohner der Salomonen. Niemand wusste, von welcher Insel er kam oder wie er genau aussah. Von *Solomys salamonis* war nur ein einziger, unvollständiger Schädel bekannt, der über ein Jahrhundert zuvor entdeckt worden war. Es gab gute Gründe anzunehmen, dass der

Schlüssel zur Lösung seines Geheimnisses auf Makira zu finden sein würde.

Alles, was wir von diesem mysteriösen Nagetier wissen, verdanken wir einem Mord. Im Jahr 1880 kreuzte Leutnant Bower mit der HMS *Sandfly* durch die Salomonen und suchte in dieser gesetzlosen Gegend nach Missetätern. Bower war ein muskulöser Mann und galt als Spitzenstürmer bei einem körperlich extrem anspruchsvollen Spiel namens Rugby. Kurz vor seinem Tod konnte man den rücksichtslosen, arroganten und rassistischen Offizier sehen, wie er eine einheimische Keule über dem Kopf schwang und rief: »Stellt euch nur mal vor, wie ein Engländer mit dem Ding hier unter diesen Niggern aufräumen kann!«[12]

Bower wurde ermordet, während er auf der Insel Ugi ein Bad nahm, und sein Kopf wurde in die Trophäensammlung der Inselbewohner eingereiht. Die HMS *Cormorant* wurde entsandt, um seinen Tod zu rächen, und der Präparator Alexander Morton vom Australischen Museum schaffte es, eine Koje an Bord des Schiffs zu ergattern. Wir können uns kaum vorstellen, unter welchen Bedingungen Morton gearbeitet haben muss. Trotzdem gelang es ihm inmitten von Bombardements und Gemetzeln eine Riesenratte zu fangen und ihren Schädel und ihr Fell zu retten. Ein Kurator beschrieb das Tier, doch leider verrottete das Fell und wurde schließlich weggeworfen. Heute ist nur noch der Schädel erhalten, doch der hat eine derart eigentümliche Form, dass er mit keinem anderen Nager zu verwechseln ist.

Aber wo hatte Morton diese Ratte gefunden? Auf der Insel Ugi im Nggela-Archipel bei Tulagi? Oder auf der Insel Uki Ni Masi, die ebenfalls unter dem Namen Ugi bekannt ist und in der Nähe von Makira liegt? Das wusste niemand. Trotzdem war Makira ein guter Ausgangspunkt, denn diese Insel war deutlich größer als die anderen, und wenn die Ratte auf Uki Ni Masi vorkam, dann lebte sie vermutlich auch auf Makira. Ich hatte damals nicht das Geld, um eine größere Expedition auf die Beine zu stellen, vor allem da die Beweislage so schlecht war, also beschloss ich, billig und allein nach Makira zu reisen.

Es ist eine interessante Erfahrung, unangekündigt und unerwartet in einem unbekannten Dorf anzukommen. Doch ich hatte Glück, denn im Flugzeug saß ich neben einem Mann, der sich als Makiras Sportminister vorstellte. Vor der Landung bat er mich, ihm ein Paar Sandschuhe der Marke Dunlop zu besorgen. Als ich ihm versprach, ihm ein Paar zu schicken, sicherte er mir seine Hilfe zu.

In der ersten Nacht schlief ich auf der Veranda des Regierungspalasts, der aus einigen Holzhütten neben dem Flugplatz bestand. Als ich am nächsten Morgen mein Frühstück zubereitete und meine Instrumente vorbereitete, kam ein großgewachsener Mann in blütenweißem Hemd, kurzen Hosen und Turnschuhen mit einem Klemmbrett in der Hand auf mich zu. Er war höflich, wenngleich sehr förmlich. Zunächst wollte er meinen Pass und meine Aufenthaltserlaubnis sehen, die vom Umweltministerium in Honiara ausgestellt worden war. Nachdem er sich die Nummern der beiden Dokumente sorgfältig notiert hatte, fragte er mich, woher ich komme und wo ich während meines Aufenthalts bleiben wolle. Doch im weiteren Verlauf wurden die Fragen immer absonderlicher. »Welche Religion üben Sie aus?«, fragte er. Da ich die Frage aus Indonesien kannte, war ich nicht allzu verwundert und antwortete, ich sei katholisch erzogen worden. Auch das hielt er auf seinem Bogen fest, um mich dann zu fragen, ob ich jemals mit meiner Frau geschlafen hätte. Verwirrt sah ich auf und entdeckte eine Gruppe von Kindern, die hinter einer Hütte hervorlugten. Als sie in schallendes Gelächter ausbrachen, war mir klar, dass ich auf den Arm genommen worden war. Der vermeintliche Beamte war der Dorfkasper, und ich war ihm gründlich auf den Leim gegangen.

Nach dieser Begrüßung fragte ich mich, ob die einzige Aufgabe des Sportministers darin bestehen könnte, Besucher um Tennisschuhe anzuschnorren. Doch der Mann tauchte am späteren Vormittag auf und lud mich in das Dorf Sesena ein, das einige Kilometer vom Landeplatz entfernt lag. Unterstützt von einigen jungen Männern zog ich um, stellte Netze und Fallen auf und machte mich an die Untersuchung der einmaligen Fauna der Insel.

Dank meiner neuen Kontakte zur Regierung erfuhr ich, dass ein britischer Richter namens Shipley mit seiner Frau und seinem Bruder auf der Insel lebte. Die Shipleys luden mich ein und erzählten mir bei einem lebhaften Mittagessen, warum sie auf Makira waren und was sie über die Insel wussten. Es mag sonderbar scheinen, dass die Briten noch Richter auf die Salomonen schickten, obwohl die Inselnation bereits seit einem Jahrzehnt unabhängig war. Doch die neue Nation basierte nach wie vor auf britischem Recht, und das konnten nur britische Richter angemessen sprechen. Daher wurden sie in den 1980er Jahren noch immer aus London entsandt, um über Dorfbewohner Gericht zu sitzen, für die Old Bailey, der Zentrale Strafgerichtshof in London, so fremd war wie der Mond.

Die wenigsten Bewohner der Salomonen können etwas mit dem britischen Recht anfangen. Was in ihren Augen als schweres Verbrechen gilt, zum Beispiel Ehebruch oder Hexerei, wird nach britischem Recht überhaupt nicht bestraft, während Heldentaten wie die Ermordung eines Mannes, der Geschlechtsverkehr mit weiblichen Verwandten hatte, mit langen Gefängnisstrafen geahndet werden. Zu Kolonialzeiten muss ihnen ein Gerichtsverfahren ausgesprochen verwirrend erschienen sein. Der Anthropologe Roger Keesing und der Historiker Peter Corris schreiben:

Wer in einer Blutfehde einen vollkommen legitimen Mord beging, stand plötzlich vor einem perückentragenden Richter, den er nicht verstand, wurde dann für Wochen und Monate in der Kolonialhauptstadt Tulagi eingesperrt, während auf den Fidschi-Inseln sein Verstoß gegen ein fremdes Gesetz beurteilt wurde, um schließlich zum Galgen geführt zu werden.[13]

Noch in den 1980er Jahren müssen Gerichtsverfahren eine äußerst verwirrende Angelegenheit gewesen sein. Während des Mittagessens erzählte mir der Richter von einem Prozess auf Guadalcanal, bei dem er den Vorsitz gehabt habe. Eine junge Frau hatte ihren Stiefvater des Diebstahls angeklagt. Richter Shipley erfuhr aus dem Mund des Übersetzers, dass es sich um einen Milchdiebstahl handelte, was ihn erstaunte, da Milch in der Region nicht erhältlich war. Im weiteren Verlauf wurde jedoch klar, dass die junge Frau unlängst eine Tochter zur Welt gebracht hatte und dieser die Brust gab. Eines Nachts war sie aufgewacht und hatte festgestellt, dass nicht ihr Baby, sondern ihr Stiefvater an ihrer Brust nuckelte. Der Richter war sich nicht sicher, ob das Vergehen mit dem Begriff »Diebstahl« korrekt beschrieben war, doch er verhängte eine saftige Geldstrafe und rügte den Stiefvater scharf.

Schweine sind in Melanesien ein beliebter Grund, vor Gericht zu ziehen. Wenn plündernde Rüsseltiere fremde Gärten umpflügen, kann dies Anlass für tödliche Familienfehden sein, die sich über Generationen hinziehen. Mike McCoy berichtete mir von einem solchen Prozess auf Malaita, in dem die ganze Verwirrung der Melanesier um die britische Rechtsauffassung zum Ausdruck kommt. Ein Dorfbewohner hatte seinen Nachbarn angeklagt, weil dessen Schwein seinen Garten zerstört hatte. Der Fall wurde im verschlafenen Örtchen Auke verhandelt, als Gerichtssaal diente ein Klassenzimmer aus Zweigen und Blättern. Natürlich gab es

177

keine Klimaanlage, und dem ältlichen Richter lief der Schweiß in
Strömen unter der Perücke hervor. Er war ungeduldig und ärgerte
sich mit den Fliegen herum, die durch die Fenster hereinschwirr-
ten. Da er kein Pidgin verstand, war er auf einen Übersetzer an-
gewiesen.

Der Ankläger, den wir Mr Serana nennen wollen, war Mitte
fünfzig, klein, untersetzt und lediglich mit einer zerfledderten
kurzen Hose bekleidet. Er sprach kein Englisch, sondern nur
das Pidgin der Inseln. Für ihn handelte es sich um eine todernste
Angelegenheit, denn wenn sie nicht vor Gericht beigelegt wurde,
würde er zur Selbstjustiz greifen müssen. Er begann seine Aussage mit einer ausführlichen Beschreibung seines schönen Gar-
tens, in dem er Taro, Zuckerrohr und Süßkartoffeln angepflanzt
und den er sorgfältig eingezäunt hatte, um die Schweine fern-
zuhalten. Nur ein boshaftes und zu allem entschlossenes Schwein
konnte es wagen, diese Umzäunung zu durchbrechen, folgerte er.
Mr Serana kam immer mehr in Fahrt und beschrieb, wie er eines
Abends nach einem anstrengenden Arbeitstag in seinem Garten
eingeschlafen und Stunden später vom Grunzen eines Schweins
geweckt worden sei. »Dieb!«, schrie er und rannte in Richtung
des Geräuschs. Doch es handelte sich um ein besonders durch-
triebenes Schwein, das viel Erfahrung bei der Plünderung von
Gärten hatte. Es hatte sich leise davongestohlen und nur die Abdrücke seiner Klauen und seinen typischen Eberduft hinterlassen.

An diesem Punkt wurde es dem Richter zu viel, und er unter-
brach den Kläger. »Aber Mr Serana, haben Sie das Schwein denn
gesehen?«, fragte er. Darauf musste Serana bekennen: »*Me no
lukim.*« Er hatte es nicht gesehen. Aber das sei auch gar nicht
nötig. Er wisse sehr genau, wer der Schuldige sei, denn er er-
kenne jedes Schwein in dem kleinen Dorf an seiner Größe und
seinem Temperament. Leidenschaftlich erklärte er, der Duft die-

ses Schweins sei absolut unverwechselbar. Der Täter sei im ganzen Dorf gefürchtet, und wenn die britische Justiz nicht Einhalt gebiete, dann werde das Schwein sein verbrecherisches Unwesen fortsetzen und das ganze Dorf in Unfrieden stürzen. Kein Garten wäre mehr vor dem Vieh sicher!

Mit seiner englischen Überheblichkeit erklärte der Richter, er könne Mr Seranas Aussage nicht zulassen, da es sich um ein Gerücht handele. Niemand habe das Schwein gesehen, also könne auch niemand wissen, welches Tier den Schaden angerichtet habe. »Anklage abgelehnt«, verkündete er mit lauter Stimme und forderte die Anwesenden auf, den Gerichtssaal zu räumen. Mr Serena war vollkommen überzeugt gewesen, das Recht auf seiner Seite zu haben. Als das Urteil übersetzt wurde, wollte er es zunächst nicht glauben, dann geriet er über dieses skandalöse Fehlurteil in Rage. Er schimpfte auf das Schwein, seinen Besitzer und das Gericht, die ganz offensichtlich unter einer Decke steckten, und schwor Rache.

Der Gerichtssaal brodelte und der zornige Richter brüllte: »Noch ein Wort, und ich verurteile Sie wegen Missachtung des Gerichts!« Hochrot vor Wut schob sich Mr Serana zwischen den Schulbänken hindurch zum Ausgang. In der Tür hatte er plötzlich einen Einfall. Er drehte sich zum Richter um, hob ein Bein, und ließ einen lauten Furz fahren. Das war zu viel für den Richter. Er schrie: »Das ist Missachtung des Gerichts! Drei Wochen Gefängnis!« Darauf erwiderte Serana höflich in Pidgin: »Wie kann das sein? Sie haben es gehört, Sie haben es gerochen, aber gesehen haben Sie es nicht!«

Angesichts der Widersprüche des Rechtssystems bleibt es nicht aus, dass Richter gelegentlich mit den Inselbewohnern in Konflikt geraten, die sich über vermeintliche Justizirrtümer empören. Zu meinem Bedauern erfuhr ich, dass Mrs Shipley einige Monate nach meiner Rückkehr nach Australien mit einer Machete angegriffen wurde und die Familie gezwungen war, die Insel zu verlassen.

Die Arbeit auf Makira war nicht einfach. Die Region um Sesena war von zerklüfteten Kreidefelsen übersät und der Wald von unsichtbaren Trichtern durchlöchert. Das machte die Fortbewegung im Busch langsam, schwierig und gefährlich. Als wir eines Morgens einige Kilometer vom Dorf entfernt unsere Netze aufspannten, brach ich durch die verrottete Vegetation ein und stürzte in einen dieser Trichter. Es war ein beängstigendes Gefühl, in Zeitlupe abzustürzen und nicht zu wissen, wo ich landen würde. Vielleicht würde ich zehn Meter tiefer auf scharfe Felsen oder in einen unterirdischen Fluss fallen. Zum Glück war der Trichter nur drei Meter tief, und ich kam mit dem Schrecken und ein paar Schrammen davon.

Doch schon bald stellte sich heraus, dass es sich lohnte, unsere Netze in einiger Entfernung zum Dorf aufzustellen. Als ich sie beim ersten Morgengrauen abging, fand ich viele Fledermäuse. Die meisten waren verbreitete Arten, aber in einer Tasche hing eine schwarze Fledermaus mit einem etwa handtellergroßen Körper. Bei genauerem Hinsehen entdeckte ich helle, rosafarbene Punkte auf seinen Ohren und Vorderbeinen. Und als es das Maul öffnete, sah ich vier große Eckzähne mit einer merkwürdigen Rille.

Es war ein Langzungenflughund, ein Verwandter der »Giftfledermaus«, die mir Sanila Televat auf Neuirland beschrieben hatte. Die Langzungenflughunde sind eine frühe Abspaltung der Familie der Flughunde. Sie orientieren sich nicht mit Hilfe von Echolot, wie die insektenfressenden Fledermäuse, sondern suchen ihre Nahrung – vor allem Früchte und Nektar – mit Hilfe ihrer Augen. Ich sollte sechs Jahre benötigen, um genug Exemplare zu finden und den schwarzen Langzungenflughund von Makira bestimmen und benennen zu können. Die Forschung wurde unter anderem von dem Australier Emmanuel Fardoulis ermöglicht, der mit seiner Stiftung einen Beitrag zum Artenschutz leisten wollte, und nach ihm benannte ich die Art *Melonycteris fardoulisi*.

Die Erforschung der Langzungenflughunde eröffnete faszinierende Einblicke in die Biologie der Inseln. Es stellte sich heraus, dass jede der südlichen Salomon-Inseln ihre eigene Art von Langzungenflughunden hat. Die *Melonycteris* von Makira sind nicht nur die größten und schwärzesten, bei dieser Art sind auch die Größenunterschiede zwischen Männchen und Weibchen am deutlichsten. Die Unterschiede sind so groß, dass ich die Weibchen, die deutlich kleiner sind und keine ausgeprägten Eckzähne haben, zunächst für eine andere Art hielt.

Es gibt einige Inselarten mit auffälligen Geschlechterunterschieden. Bei den Huia, einer Vogelart aus Neuseeland, haben beispielsweise die Männchen kurze und kräftige Schnäbel und die Weibchen lange und gebogene. Da Makira weit südlich in der Inselgruppe liegt, könnten die natürlichen Ressourcen hier möglicherweise spärlicher sein als auf anderen Inseln. Es ist denkbar, dass unter diesen Umständen Arten von der Evolution bevorzugt werden, deren Männchen und Weibchen nicht um Nahrung konkurrieren, sondern jeweils eigene ökologische Nischen nutzen. Aber wozu benötigen die Männchen ihre kräftigen Eckzähne? Ich nehme an, dass sie sich überwiegend von Früchten ernähren, und diese mit ihren Zähnen nicht nur tragen, sondern sie auch aufbeißen und den Saft entnehmen. Die Weibchen könnten sich dagegen überwiegend von Blütennektar ernähren.

Eines Morgens kamen einige Jungen aus dem Dorf schüchtern auf mich zu und brachten mir einen Sack voller Fledermäuse. Sie hatten sie in einer Höhle gefunden, in der die Dorfbewohner oft Fledermäuse fingen, um sie zu essen. Die Fledermäuse im Sack gehörten einer Hufeisennasenart an, die bislang nur über ein einziges Exemplar aus dem 19. Jahrhundert bekannt war und die als Variante der häufigsten Hufeisennase der Region kategorisiert worden war. Doch die Fledermäuse im Sack unterschieden sich deutlich von jeder bislang bekannten Art: Männchen und Weibchen wiesen große Unterschiede auf, die Männchen waren grau und die Weibchen hell orangefarben. Das und ihre im Vergleich zu den verbreiteten Hufeisennasen verhältnismäßig kleinen Körper waren ein Hinweis darauf, dass sie einer eigenen Art angehören mussten. Bei eingehenden Untersuchungen im Labor stellte ich später fest, dass es sich tatsächlich um eine neue Art handelte, die ausschließlich auf dieser faszinierenden Insel vorkam.

Auch im Dorf warteten neue Überraschungen auf mich. Einige Jungen aus Sesena hatten ein Flughundweibchen entdeckt und gefangen, das in einem Garten in einer Bananenstaude nistete. Es hatte dichtes, goldbraunes Fell und trug ein Junges. Es musste sich um ein Exemplar des Salomonen-Flughunds handeln, der im 19. Jahrhundert auf Uki Ni Masi beobachtet worden war. Doch wie bei der Hufeisennase unterschied sich diese so erheblich von bisher bekannten Arten, dass sie falsch eingeordnet worden sein musste. Heute ist die Art als Makira-Flughund (*Pteropus cognatus*) bekannt und gehört zu einer immer länger werdenden Liste von Arten, die für Makira und die umliegenden Inseln einmalig sind.

Bei allem Erfolg bei den Fledermäusen hatte ich den eigentlichen Gegenstand meiner Suche noch immer nicht entdeckt: die geheimnisvolle Ratte von Ugi oder Uki Ni Masi. Aus meinen Gesprächen mit den Dorfbewohnern wusste ich, dass es in der Umgebung große und kleine Arten gab. Es machte meine Suche nicht einfacher, dass ich keine Ahnung hatte, wie das Tier aussah, nach dem ich fahndete. Zunächst behaupteten die Bewohner, es gebe überall Ratten, doch ich fand bald heraus, dass sie damit die gemeine schwarze Ratte meinten, die im Jahr 1984 auf die Insel kam, nachdem vor der Küste ein Frachtschiff gesunken war. Diese Ratte war zwar größer als die ebenfalls eingeschleppte gemeine Pazifikratte, aber sie war nicht das gesuchte Tier. Dann erfuhr ich, dass einige Dorfbewohner auch eine noch größere Ratte kannten. Sie kam ausschließlich im Innern der Insel vor, auf einer Hochebene und auf den bis zu tausend Meter hohen Hügeln. Dieses Tier könnte die geheimnisvolle Ratte sein, aber bis ich von ihrer Existenz erfuhr, neigte sich meine Expedition schon ihrem Ende zu, und ich musste nach Australien zurückkehren.

Zwanzig Jahre lang fürchtete ich, dass ich die Lösung des Geheimnisses der Riesenratte von Ugi nicht mehr erleben würde. Doch im Jahr 2009 schickte mir ein Ornithologe ein Foto von den Fußabdrücken einer Ratte in einer Schlammpfütze. Er hatte das Foto aufgenommen, während er in den Bergen von Makira Vögel beobachtete. Die Abdrücke stammten zweifelsohne von einer Riesenratte. Abgesehen von dem Schädel aus dem Jahr 1881 waren sie der erste Hinweis darauf, dass die Riesenratte von Makira tatsächlich existiert. Während ich dieses Buch schreibe, verfolgt einer meiner Studenten die Fährte dieses schwer zu fassenden Nagers. Vielleicht erlebe ich es ja noch, dass dieses 130 Jahre alte Geheimnis gelöst wird.

Das kleine Flugzeug, das mich nach Guadalcanal bringen sollte, startete bei Einbruch der Dunkelheit auf Makira. Als wir vom roten Streifen des Sonnenuntergangs weg ins Dunkel der pazifischen Nacht flogen, konnte ich mir ausmalen, wie es einer Fledermaus erging, die vom Wind auf das Meer hinausgeblasen wird, oder einer Ratte, die auf einem Baumfloß festsitzt. Das Einzige, was sie retten konnte, war eine günstige Strömung, die sie zu einer neuen Heimat trieb, oder ihre eigene Ausdauer. Obwohl unser kleines Flugzeug natürlich über ein Navigationssystem verfügte, war ich nervös, als die letzten Lichter von Makira am Horizont verschwanden und wir in die pechschwarze Nacht hineinflogen. Was würde passieren, wenn wir den Landeplatz auf Guadalcanal nicht fanden? Würden wir von der Nacht verschluckt, genau wie unzählige Vögel, Fledermäuse und andere Tiere, die vor Jahrmillionen vom Kurs abkamen? Zum Glück kamen wir sicher am Ziel an, doch nach dieser Erfahrung empfand ich neuen Respekt für die Weite des Pazifiks und die Arten, die ihn erobert haben.

11
IM LAND DER KOPFJÄGER

Mike McCoy schrieb mir, dass er eine Reise in die unzugänglichste Region der Salomonen plante, in das Land der Kwaio auf der Insel Malaita. Als er vorschlug, die Reise gemeinsam zu unternehmen, ließ ich mich nicht zweimal einladen. Die Gelegenheit hatte sich ergeben, als Mike in Honiara einen jungen Mann namens Simon kennengelernt hatte, der ein Sohn des Kwaio-Häuptlings Folofo'u war. Mike hatte Simon sein Schweizer Offiziermesser geschenkt, und der Häuptlingssohn hatte ihn im Gegenzug in sein Dorf Naufe'e im Osten von Malaita eingeladen. Malaita ist die am dichtesten besiedelte Insel der Salomonen. Selbst auf den bis zu tausend Meter hohen Bergrücken befinden sich noch einige Dörfer. Naufe'e liegt in einem besonders abgeschiedenen Teil der Bergkette. Es war durchaus möglich, dass es dort noch unberührte Urwälder gab, in denen eine einmalige Tierwelt überlebt hatte.

Für gewöhnlich benötigt die Fähre für die Überfahrt von Honiara zu Malaitas Hauptort Auki nur einen halben Tag. Aber auf unserer Fahrt fiel der Motor immer wieder aus und der Kahn trieb stundenlang ruderlos durch die zunehmend aufgewühlte See. Ich war jedes Mal erleichtert, wenn ich hörte, wie der Dieselmotor wieder losblubberte, denn die Gefahr war groß, dass wir auf ein Riff oder eine felsige Küste getrieben wurden, und es sah nicht so aus, als hätte die überfüllte Fähre genug Rettungsboote und Schwimmwesten für alle an Bord. Schließlich tauchte der kleine Hafen von Auki am Horizont auf. Von dort aus überquerten wir die Insel im Bus und fuhren schließlich mit dem Kanu an die Ostküste zum Hafen von Sinalagu, dem Tor zum Land der Kwaio.

Die Kwaio hatten lange isoliert vom Rest der Welt gelebt. Sie waren ein stolzes und unabhängiges Volk, und in ihre bergige Heimat reichte der Arm der Kolonialregierung kaum. Ihre Krieger stürmten aus dem Gewirr von steilen Felsen, engen Schluchten und dichten Urwäldern hervor und überfielen ihre Nachbarn. Ihre mächtigsten Führer wurden *ramo* genannt. Sie waren eine Mischung aus Schläger und Kopfgeldjäger, deren Ansehen und Vermögen von dem Blutgeld abhing, das sie kassierten und unter ihre Leute verteilten. Diese Prämie wurde häufig von Verwandten von Frauen ausgesetzt, die entgegen der strengen Sexualmoral der Insel verführt worden waren, und die *ramos* schreckten auch nicht davor zurück, ihre eigenen Angehörigen und Anhänger zu töten, um die Belohnung zu kassieren.

In der Kolonialzeit verwendeten die *ramos* antiquierte Snider-Enfield-Gewehre, die sie oft aus allernächster Nähe abfeuerten. Ausstellungsstücke im Museum zeigen, in welchen Ehren sie ihre Gewehre hielten: Sie verzierten sie mit komplizierten Einlegearbeiten aus Perlmut und verwandelten sie in außergewöhnliche Kunstwerke. Für die *ramos* gehörte der Verrat zum Alltag. Einer ihrer Lieblingstricks bestand darin, ihre Opfer zu einem Festmahl einzuladen und ihnen in einem entspannten Moment die Snider in die Rippen zu pressen und abzudrücken.

Wer als *ramo* anerkannt werden wollte, musste einen Menschen, auf den ein Kopfgeld ausgesetzt war, im direkten Kampf töten. Dann stürmten der *ramo* und seine Spießgesellen in das Dorf, das die Belohnung ausgesetzt hatte, und schnappten sich die Prämie in Form von Muschelschmuck von einem Pfahl, so dass es alle sehen konnten. Häufig setzten Verwandte des Getöteten ein neues Kopfgeld aus, und ein Teufelskreis kam in Gang. Die *ramos* der Kwaio waren die brutalsten von allen, und zu Beginn des 20. Jahrhunderts töteten sie unterschiedslos Blackbirder (die Arbeitskräfte für die Zuckerrohrplantagen von Queensland rekrutierten) und Missionare. Wie ein Anthropologe schrieb, war es damals »hochgefährlich für jeden Europäer, einen Fuß auf Malaita zu setzen oder sich einem Angriff preiszugeben«.[14]

So wurde Malaita das wilde Grenzgebiet einer vergessenen Ecke des British Empire. Trotzdem konnte die Kolonialmacht solche Angriffe nicht lange dulden. Sporadisch unternahm sie erfolglose Versuche, die *Pax Britannica* auch auf die Berge von Malaita zu übertragen, doch Mitte der 1920er Jahre spitzte sich die Lage zu. Damals begann die britische Kolonialverwaltung, in der Region Steuern einzutreiben, und die *ramos* erkannten, dass es sich um eine direkte Herausforderung handelte. Ein *ramo* namens Basiana aus der Bergregion Gounaile, angeblich der Furchtloseste von allen, wollte sich das nicht bieten lassen.

Im Jahr 1927 fiel es dem Bezirksverwalter William Bell zu, die Steuern einzutreiben. Am 4. Oktober, einem Dienstag, bezogen er, sein europäischer Stellvertreter Lillies, ein malaitischer Beamter namens Masaki und dreizehn bewaffnete Polizisten von den Salomonen eine roh zusammengezimmerte Steuer-Hütte in der Bucht von Sinalagu und warteten dort, dass die Inselbewohner ihre Steuern ablieferten. Bell war Australier und ein erfahrener Verwalter, der die Kwaio und ihre Gepflogenheiten gut kannte. Er wusste, dass es sich um ein Kräftemessen handelte und hatte sich bewusst entschieden, die Steuern nicht von einem Boot aus zu kassieren, sondern an Land zu gehen. Alles andere wäre ein Zeichen der Schwäche gewesen. Als etwa hundert bis an die Zähne bewaffnete Kwaio in der Lichtung vor der Hütte auftauchten, sagte Masaki: »Sie wollen uns töten. Ich sehe das Blut in ihren Augen.«[15] Bells richtete sich in einer kühlen und professionellen Ansprache an die Menge:

Ich bin heute gekommen, um die Steuern einzutreiben. Meine Polizeibeamten sagen mir, dass ihr gekommen seid, um mit uns zu kämpfen. Aber ich will nicht mit euch kämpfen. Ich habe ihnen gesagt, wenn ihr Ärger wollt, dann müsst ihr ihn anfangen. Wir sind in friedlicher Absicht hier.[16]

Während einer von Basianas Männern die Polizisten mit wertvollem altem Muschelschmuck ablenkte, schnitten andere heimlich die Taue durch, mit denen die Wände der Hütte zusammengehalten wurden. Dann trat Basiana vor, bezahlte seinen Tribut und entfernte sich schweigend. Während seine Schergen vor dem Häuschen Schlange standen, schlenderte er zurück zum Waldrand, wo er seine Tasche abgelegt hatte, und holte heimlich seine Snider-Enfield hervor. Das Gewehr war seinem Ahnen Ma'una geweiht und verfügte – wie er glaubte – über Geisterkräfte. Basiana verbarg den Lauf unter seinem Arm und ging zu der Hütte zurück, wo Bell die Zahlungen entgegennahm. Während Bell über den Tisch gebeugt die Einnahmen in seinem Steuerbuch notierte, ging Basiana an der Schlange vorbei auf ihn zu, hob das Gewehr und drosch ihm mit dem Kolben auf den Kopf. Bells Schädel zerbarst mit einem schrecklichen Knall, und Hirn und Blut spritzten in alle Richtungen.

Im selben Moment schlug ein anderer Krieger nach Bells Stellvertreter Lillies. Er traf ihn nur seitlich am Kopf, und Lillies rappelte sich wieder auf. Schon sprang Basiana über den Tisch in die Hütte und schlug den Polizisten die Gewehre zur Seite, ehe sie auf ihn schießen konnten. Da die Halterungen durchtrennt waren, brach die Hütte zusammen, und Lillies und die Polizisten saßen in der Falle. Innerhalb weniger Sekunden waren zwei Europäer und dreizehn Salomonen tot. Es war ein überwältigender Triumph einer Gruppe mit überwiegend traditionellen Waffen gegen die Kolonialmacht mit ihren modernen Gewehren. Nur einer der Angreifer war getötet worden, und ein halbes Dutzend erlitt Verletzungen. Doch das Massaker sollte das Ende der Kwaio bedeuten.

Die Toten wurden später von den Angehörigen einer Strafexpedition neben dem Hafen Sinalagu beigesetzt. Aber Lillies linke Hand, die ein gewisser Fenaka abgetrennt hatte, blieb verschwunden. Die Kwaio berichten, die Angreifer hätten sie in den Busch mitgenommen, geräuchert und als Talisman aufbewahrt. Es ist durchaus möglich, dass sich die Hand bis heute im Besitz der Kwaio befindet.

Am 10. Oktober, nur sechs Tage nach dem Gemetzel, machte sich der Panzerkreuzer *HMAS Adelaide* mit neun 15-Zentimeter-Kanonen und zahlreichen kleineren Geschützen auf den Weg nach Sinalagu. Die Kwaio müssen beeindruckt gewesen sein, als das riesige Kriegsschiff in die Bucht einlief. Wer sich Fotos der *Adelaide* vor Sinalagu ansieht, ist unwillkürlich von der überwältigenden europäischen Macht beeindruckt. Die Europäer luden tonnenweise Kriegsgerät aus und entsandten eine große Strafexpedition, doch in dem unwegsamen Gelände und dem dichten Urwald konnten sie kaum etwas ausrichten. Also versuchten sie es mit einer anderen Strategie: Sie bewaffneten die Feinde der Kwaio.

Die Nachbarstämme litten seit Jahrzehnten unter den *ramo* der Kwaio. Sie kannten die Insel, ihre Feinde und deren Gepflogenheiten und dürsteten nach Rache. Sie wussten auch, dass sie die Kwaio am besten packen konnten, wenn sie die Schreine ihrer Ahnen entweihten. Sie zerschlugen die Schädel der Vorfahren oder warfen sie in die Menstruationshütten der Frauen. Die Matten, auf denen die menstruierenden Frauen saßen, legten sie auf die heiligen Opfersteine. Außerdem verbrannten sie Reliquien und andere heilige Objekte, um den Zorn der Ahnen auf die Kwaio herabzubeschwören. Und trotz des ausdrücklichen Verbots der Europäer töteten sie Männer, Frauen und Kinder der Kwaio, wo immer sie diese antrafen. Auf zwei Gefangene, die die Strafexpedition in den Bergen machte, kam angeblich ein ermordeter Kwaio. Die Zahl der Opfer ist bis heute unbekannt, doch vermutlich wurden in den Wochen nach dem Massaker mindestens sechzig Kwaio getötet.

Basiana wurde schließlich gefangen genommen und in die Kolonialhauptstadt Tulagi gebracht, wo er am 29. Juni 1928 vor den Augen seiner beiden Söhne, dem vierzehnjährigen Anifelo und seinem jüngeren Bruder Laefi, gehängt wurde. Ehe Basiana das Schafott bestieg, belegte er die Stadt mit einem Fluch seiner Ahnen und schleuderte dem Kommissar und dem Polizeichef entgegen: »Tulagi, wo ihr eure Fahne habt, wird zerrissen und zerstreut.«[17] Damals lachten die Engländer in ihrem Club über diesen Fluch, doch vielleicht erinnerten sich die Bewohner der Salomonen daran, als die Briten vierzehn Jahre später von den Japanern verjagt wurden.

Die Ereignisse hatten schwere Folgen für die Kwaio. Wie Riufa aus Kwangafi sagte:

> Als sie unsere Schreine zerstört haben, haben sie uns alles Gute in unserem Leben genommen. Seitdem ist alles schlecht geworden. Die heiligen Schweine der Ahnen sind gegessen, die heiligen Gegenstände sind beschmutzt. Wie soll unser Leben wieder gerichtet werden? Wie können wir noch leben? Wir sind am Ende.[18]

Aber die Kwaio waren nicht am Ende. Sie waren nur verbittert und kehrten der Welt den Rücken. Alle Versuche der Missionierung wiesen sie zurück, und ihre Bergfestung blieb ein unberührtes Rückzugsgebiet, in dem die alten Traditionen fortbestanden. Noch im Jahr 1962 wurde der Anthropologe Roger Keesing, der zusammen mit seiner Frau zu den Kwaio zog, gewarnt, sein Leben sei in Gefahr, und diese Warnung wurde noch unterstrichen, als kurz nach der Ankunft der Keesings in der Gegend ein Missionar mit einem Speer ermordet wurde.

Und genau in das Herzland der Kwaios hatte uns Folofo'us Sohn eingeladen. Mit seinen zwei Metern Körpergröße und seiner breiten Brust hatte Simon die Statur eines Feldwebels. Als er uns an einem sonnigen Morgen im Hafen von Sinalagu abholte, hatte ich das Gefühl, einem Mann gegenüberzustehen, den die Welt noch nicht gebeugt hatte. Während wir die Küstenberge hinter Sinalagu hinaufstiegen, war die Hitze drückend, und Mike und ich schwitzten und stöhnten unter dem Gewicht unserer Rucksäcke. Nach einigen Stunden Fußmarsch machten wir auf rund 600 Metern Höhe auf einer Lichtung Rast. Plötzlich kam eine junge Frau den Weg herunter auf uns zu – vollkommen unbekleidet und eine selbstgemachte Maiskolbenpfeife rauchend. Mit lässigem Schwung nahm sie mir meinen Rucksack von den Schultern und marschierte federnden Schritts den steilen Weg hinauf. Einen Moment lang wusste ich nicht, ob ich einen Sonnenstich bekommen hatte und unter Halluzinationen litt oder ob ich auf der Grassteppe gestorben und in den Himmel der Kwaio gekommen war.

Dann sah ich drei weitere nackte Frauen, die nicht einmal eine Pfeife trugen. Strahlend wippten sie an uns vorüber und nahmen Mike und den Kwaio, die uns begleiteten, die Rucksäcke ab. Ich folgte der jungen Frau mit der Pfeife. Während sie Rauchwolken paffend mit meinem schweren Rucksack den Abhang hinauflief, hatte ich meine liebe Not, mit ihr Schritt zu halten. Ich wandte mich zu Mike um und fragte ihn, warum die Frauen nackt waren. »Kastom bilong Kwaio« – so ist das eben hier, erwiderte er. Unverheiratete Frauen der Kwaio trugen nie Kleider, fügte er hinzu, und wenn sie heirateten, bedeckten sie ihre Scham mit einem kleinen Lendenschurz, das war alles.

191

Ich fragte mich, wie die Frauen der Kwaio so entspannt mit ihrer Nacktheit umgehen konnten. Ich lernte ihre Kultur nie gut genug kennen, um diese Frage beantworten zu können, doch es könnte mit der ungewöhnlich strengen Sexualmoral des Stammes zu tun haben. Ein Mann, der eine Frau verführte, lief selbst zur Zeit meines Besuchs Gefahr, mit einem Speer zwischen den Rippen aufzuwachen. Vielleicht trägt das zu der Sorglosigkeit der jungen Frauen bei, ganz abgesehen davon natürlich, dass die Nacktheit in der Kultur der Kwaio etwas ganz Selbstverständliches ist.

Bald standen wir auf einer Hochebene, die fast senkrecht über der Bucht von Sinalagu lag. Die Luft war so klar, dass ich selbst kleinste Details des Dorfs unter uns erkennen konnte. Naufe'e, das auf der Ebene liegt, war einzigartig unter den melanesischen Dörfern, die ich besucht hatte. Sämtliche Gebäude waren ausschließlich aus Materialien aus dem Urwald errichtet, das einzige Zugeständnis an die Moderne war eine primitive Dusche auf einer Lichtung, unter der sich die Kinder jeden Tag wuschen.

An einem Ende des Dorfes stand das Haus der Männer. Dahinter standen zwei große Baumfarn-Pfähle mit Nischen, in denen jeweils ein menschlicher Schädel stand. Leider durfte ich das Haus weder betreten noch fotografieren. Auch ein unberührtes Stück Urwald war tabu, denn zwischen den Bäumen standen die Schreine der Ahnen, die nicht gestört werden durften. Auf einer Lichtung standen die Hütten, und am unteren Ende die Menstruationshütten der Frauen sowie die Latrinen. Vor der Ankunft der Christen war diese Anlage typisch für melanesische Dörfer gewesen, doch ich hatte sie bislang nur selten gesehen, denn selbst in den Gegenden, in die keine Missionare gekommen waren, war das christliche Gedankengut vorgedrungen und hatte die einheimische Kultur zerstört.

Das Oberhaupt von Naufe'e war Folofo'u, der weit über achtzig Jahre alt war, als ich ihn kennenlernte. Er war ein junger Mann gewesen, als Bell ermordet wurde, und hatte die folgenden Massaker nur durch einen glücklichen Umstand überlebt. Vermutlich war es seinem Einfluss zu verdanken, dass Naufe'e isoliert und als eines der ursprünglichsten Dörfer der Pazifikregion erhalten geblieben war. Doch die Veränderungen waren nicht aufzuhalten – das zeigte allein die Tatsache, dass sein Sohn uns eingeladen hatte.

Am Abend ging ich mit Simon auf die Jagd. Er überragte mich um einen guten Kopf, während wir uns mit dem Gewehr in der Hand und auf der Suche nach Flughunden und Possums über die Schlammpfade kämpften. Es war eine herrliche Nacht. Der Himmel war klar, es hatte seit einigen Tagen nicht geregnet, und die Blüten der Malay-Äpfel standen voller Nektar. Wir fingen einige Possums und drei Flughunde und kehrten in den frühen Morgenstunden nach Naufe'e zurück, um uns schlafen zu legen.

Als ich aufwachte, stand die Sonne bereits hoch am Himmel. Eine junge Frau räkelte sich unter der gemeinsamen Dusche, und als ihre Kurven in der Sonne leuchteten, sah sie aus wie eine klassische Quellnymphe. Nach einem kurzen Frühstück, das aus trockenen Brötchen und Dosenfisch bestand, machte ich mich an die Arbeit und wog, häutete, maß und konservierte die Flughunde und Possums, die Simon und ich in der Nacht mitgebracht hatten. Das musste schnell passieren, denn Simon wollte das Fleisch für die Küche, und in der Tropenhitze verdarb es schnell.

Tiere zu häuten und Gewebeproben zu entnehmen war harte Arbeit und lockte wie in jedem melanesischen Dorf viele Zuschauer an, in diesem Fall vor allem Mädchen und junge Frauen. Um jeden Handgriff genauestens verfolgen zu können, drängten sie sich so dicht wie möglich heran, und schon bald spürte ich, wie sich eine feste Brust an meine Schulter lehnte und eine warme Leiste in meine Seite presste. Unter diesen Umständen fiel es mir schwer, mich zu konzentrieren, und nachdem ich mir fast mit dem Skalpell die Hand durchbohrt hatte, bat ich Mike, die Menge abzulenken. Der holte seine Sofortbildkamera hervor und machte Fotos. Als er die Abzüge verteilte, war die Freude groß, und mein Publikum scharte sich nun um ihn.

Eigentlich hatte ich vorgehabt, in der Nacht wieder auf die Pirsch zu gehen, doch am Abend begann es zu regnen. Obwohl wir uns lange durch den triefenden Busch quälten, sahen wir keine Flughunde mehr, denn der Regen hatte den Nektar aus den Blüten gewaschen und die Fledermäuse suchten anderswo nach Nahrung. Dabei stellte ich fest, dass der Urwald trotz der Isolation von Naufe'e keineswegs mehr unberührt war. Es gab kaum noch alte Baumriesen, die als Nistplatz für Affengesicht-Flughunde dienen konnten. Die Dorfbewohner kannten diese Tiere gar nicht. Wenn es diese Fledermäuse je auf Malaita gegeben hatte, dann waren sie vermutlich längst ausgestorben.

Wenn es um die Fauna der Region ging, war Folofo'u meine beste Informationsquelle. In seiner Kindheit gab es auf der Insel noch mehr unberührte Urwälder als heute, doch der größte Teil davon war bereits in seiner Jugend abgeholzt worden. Als er noch ein Kind war, hatte sein Vater eine große Ratte gefangen, die im Wald lebte und einen raspelartigen Schwanz hatte. Dabei konnte es sich nur um einen Vertreter der *Solomys* handeln, einer Familie von Riesenratten, die nur auf den Salomonen vorkommt. Mit Ausnahme von Guadalcanal (auf der Ratten der Familie *Uromys* leben) und Malaita hatte jede größere Insel der Gruppe ihre eigene Art dieser Familie. Es war lange ein Rätsel gewesen, warum es ausgerechnet auf Malaita keine Riesenratten geben sollte. Folofo'u löste dieses Rätsel für mich. Es hatte tatsächlich eine Riesenratte auf Malaita gegeben, doch sie war inzwischen ausgestorben, entweder durch die Rodung der Wälder oder durch die Einführung von Hauskatzen.

12

EIN UNBEKANNTES GESICHT

Mit Beginn der neunziger Jahre hatte ich das Gefühl, dass ich genug Erfahrung gesammelt hatte, um die Berge von Guadalcanal anzugehen. Die Landbesitzer am Gold Ridge waren allerdings nicht gastfreundlicher geworden, was mir nur eine Möglichkeit ließ: einen Aufstieg über die Wetterküste. Das Problem war nur, dass sich die politische Lage dort zusehends verschlechterte und die regionalen Kriegsherren an Macht gewannen. Der Berüchtigste von allen war ein gewisser Harold Keke, der sich später zum Führer der selbsternannten Befreiungsfront von Guadalcanal aufschwingen sollte. Im Jahr 2002 tötete er den katholischen Pater und Parlamentsabgeordneten Augustin Geve, und im Jahr darauf wurde Kekes Handlanger Ronnie Kava angeklagt, sieben anglikanische Priester ermordet zu haben.

Diese Ereignisse lagen zwar noch einige Jahre in der Zukunft, doch schon damals war ein Leben an der Wetterküste nicht allzu viel wert, und mir war klar, dass meine Expedition umso gefährlicher werden würde, je länger ich wartete. Im Mai 1990 ließ sie sich nicht weiter aufschieben. Da Mike McCoy anderweitig beschäftigt war, tat ich mich mit Tanya Leary zusammen, die damals in der Abteilung Artenschutz des Umweltministeriums der Salomon-Inseln arbeitete und später eine streitbare Artenschützerin in Melanesien werden sollte.

Tanya und ich stimmten überein, dass wir die Wetterküste am besten erreichen, wenn wir die Landstraße westlich von Honiara bis zu ihrem Ende fuhren und von dort aus unsere Reise per Boot fortsetzten. So kamen wir in das Dorf Lambi an der Ostspitze von Guadalcanal. Das Wetter war miserabel, der Sturm peitschte die Wellen und es regnete unaufhörlich. Doch wir ließen uns nicht abschrecken, sondern mieteten ein kleines Kanu, mit dem wir von Dorf zu Dorf ruderten, um nach einem größeren Boot zu suchen, und vor allem nach einem Kapitän, der die Fahrt wagen wollte. Auf der Fahrt über die stürmische See und durch den strömenden Regen lief unser Kanu voll und drohte zu sinken. Bei Sonnenuntergang war klar, dass zumindest in diesem Jahr niemand mehr sein Leben riskieren würde.

Enttäuscht und durchnässt sahen wir keine andere Möglichkeit, als nach Honiara zurückzufahren. Eine Alternative hatten wir noch. Die Bergbaugesellschaft, die am Gold Ridge Gold abbaute, hatte für kurze Zeit einen Hubschrauber am Flugplatz der Inselhauptstadt stationiert. Wenn wir den mieten würden, könnte der uns in Valearanisi absetzen, und von dort aus konnten wir den Aufstieg in Angriff nehmen. Der Flug sollte 1100 US-Dollar kosten und war eine teure Option, doch uns blieb keine andere Wahl. Also trafen wir unsere Vorbereitungen und bestiegen den Hubschrauber. Die Route führte uns über den wolkenverhangenen Mount Makarakomburu zur felsigen und nassen Wetterküste von Guadalcanal. Als sich der Hubschrauber zwischen den Wolkenbänken und den steilen, grün überwucherten Felsen herabsenkte, sah ich vor uns unser Ziel: eine kleine Ansammlung von Hütten, die sich an die Flanke des Bergs schmiegte. Daneben sah ich die erstaunlichste Verwüstung, die mir je begegnet ist.

Valearanisi liegt wenige hundert Meter über dem Meeresspiegel auf der Ostflanke des Makarakomburu. Daneben zog sich eine nackte, etwa einen Kilometer breite Narbe über den gesamten Abhang, die mit zum Teil hausgroßen Felsen übersät war. Es war das einstmals friedliche und grüne Tal des Kohove, in dem die Dorfbewohner ihre Gärten gehabt hatten, ehe im Mai 1986 der Wirbelsturm Namu das Tal heimsuchte, hundert Menschen tötete und Tausende obdachlos machte. Nach der gewaltigen Erosionsnarbe zu urteilen, waren die Folgen für die Wälder der Wetterküste von Guadalcanal katastrophal.

Die Bewohner von Valearanisi erwarteten uns schon, da wir es geschafft hatten, eine Nachricht zu schicken und unsere Ankunft vorher anzukündigen. Wie Peter versprochen hatte, waren die Einheimischen gastfreundlich. Aber sie hatten von den Bergbauunternehmen gelernt und verlangten eine Gebühr von 500 US-Dollar für die Erlaubnis, ihr Land betreten zu dürfen. Und da der Hubschrauber plötzlich das Doppelte von dem kostete, was wir ursprünglich vereinbart hatten, drohten die Forderungen der Dorfbewohner unser Budget zu sprengen und unsere Expedition vorzeitig zum Scheitern zu bringen.

Das war jedoch erst der Anfang. Als Nächstes legten mir die Dorfbewohner einen Arbeitsvertrag vor, der uns in den Ruin getrieben hätte. Wer für uns arbeitete, sollte neben der täglichen Bezahlung ein Recht auf Nacht- und Wochenendzuschläge, arbeitsfreie Sonntage und Trennungszuschläge bei Exkursionen außerhalb des Dorfes haben. Wo sich Woodford ein Jahrhundert zuvor mit Kopfjägern herumschlagen musste, waren die Gewerkschaften inzwischen derart gewieft, dass sich der australische Gewerkschaftsverband eine Scheibe davon hätte abschneiden können. Und hinter allem lauerte stets die Drohung mit Kekes Schergen. Nachdem wir so weit gekommen waren, konnten wir jedoch nicht mehr zurück. Wir mussten in den sauren Apfel beißen und die Gebühren zahlen. Alles, was unser schmales Forschungsbudget überstieg, musste ich eben aus meiner eigenen Tasche bestreiten.

Am Morgen nach unserer Ankunft war der Himmel strahlend blau und der Gipfel von Mount Makarakomburu schien zum Greifen nahe. Doch diese Nähe war trügerisch. Im extrem schwierigen Gelände der Wetterküste können selbst ein paar Kilometer ein Tagesmarsch sein. Mit unseren Hunderten Kilogramm Gepäck, darunter Stickstofftanks, Netze und Fallen, brauchten wir zwei Tage, um bis auf eine Höhe von 1200 Metern zu kommen. Da das Wetter immer schlechter wurde und der Gipfel noch mehr als einen Kilometer über uns war, mussten wir eine Entscheidung treffen. Unter Umständen wie diesen gibt es nur eine einfache Wahl: weitergehen oder arbeiten. Beides zusammen ist unmöglich, da die Zeit nicht ausreicht, Netze und Fallen aufzustellen und gleichzeitig ein neues Lager aufzuschlagen. Auf einer Höhe von 900 Metern waren wir an einer Hochebene vorübergekommen, und da das Gelände mit zunehmender Höhe immer zerklüfteter wurde, beschlossen wir, hier unser Lager aufzuschlagen. Von hier aus konnten wir ja Tagesausflüge in höhere Regionen unternehmen und vielleicht sogar bis zum Gipfel vordringen, sagten wir uns.

Schon wenige hundert Meter hinter dem Dorf kamen wir in einen unberührten Bergwald mit prächtiger Vegetation, die sich im Laufe des Aufstiegs konstant veränderte. In etwa 1200 Metern Höhe wurde sie von eleganten Palmen beherrscht, die voller roter Früchte hingen. Die Bäume ragten über das übrige Blätterdach hinaus, zogen sich in einem gut erkennbaren Band über den Berg und markierten eine eigene ökologische Zone, die eine interessante Fauna versprach.

Wir stellten Netze um unser Lager auf und fingen schon bald interessante Tiere. Eines Nachmittags entdeckten wir einen großen, schwarzen Honigfresser mit auffälligen gelben Federn an den Flanken. Es war einer der ganz besonderen Vögel der Salomonen mit dem wunderbaren wissenschaftlichen Namen *Guadalcanaria inexpectata*. Die Familie und Art kommt nur auf den Bergen von Guadalcanal vor und muss von Vorfahren abstammen, die vor vielen Jahrmillionen auf die Insel kamen. In den Museen der Welt gibt es nur eine Handvoll Exemplare, die noch aus den 1920er Jahren stammen, und Biologen haben den Vogel schon seit Jahrzehnten nicht mehr beobachtet. Unser Fund bestätigte, dass es ihn noch gab, und war ein wichtiger Beitrag zum Schutz der Art.

Am nächsten Tag stieg ich mit zwei Jungen aus dem Dorf den Berg hinauf, um weiter oben meine Netze aufzustellen. Wir wollten dort oben warten und die Netze nachts überprüfen. Als wir eine Höhe von 1700 Metern erreichten, veränderte sich die Vegetation abrupt. Das dichte Moosgeflecht wich einem offeneren Unterholz, und das Untergeschoss des Waldes wurde von einer stammlosen Palme beherrscht. Die hohe Palme mit den roten Früchten war bereits weiter unten verschwunden, und die Ökologie änderte sich ein weiteres Mal, was bedeutete, dass auch hier eine Veränderung der Fauna möglich war. Der Weg war jedoch derart schwierig und das Wetter derart miserabel, dass wir unseren Plan aufgeben mussten, die Nacht dort oben zu verbringen. Mit großem Bedauern beschloss ich, kehrtzumachen und weiter unten zu arbeiten.

Auf dem Weg nach oben hatten wir auf einer Höhe von 1230 Metern einen Sattel zwischen zwei Gipfeln passiert. Es war ein idealer Platz, um Netze und Fallen aufzustellen, denn Fledermäuse und Vögel benutzen solche natürlichen Pässe gern, um von einem Tal ins andere zu fliegen. Hier machten wir auf dem Weg nach unten halt, spannten ein Netz, stellten unsere Rattenfallen auf und warteten in der Nähe, bis es dunkel wurde. Kurz nach Sonnenuntergang hörte ich, wie eine große Fledermaus neben dem Netz auf einem Ast landete. Sie war etwa zehn Meter entfernt, und ich konnte sie nicht genau erkennen, doch sie schien anders zu sein als die Arten, die ich kannte, denn sie hatte langes Fell und einen runden Kopf. Sie blieb nur eine Weile auf dem Ast sitzen, ehe sie am Netz vorbei weiterflog und mich verwundert zurückließ.

199

Als wir am Abend den Berg hinunter in unser Lager gingen, war ich enttäuscht, dass wir nur so wenig gesehen hatten. Dann, gegen 22 Uhr, sah ich im Wald vor mir ein leuchtendes Augenpaar. Ich hob das Gewehr, drückte ab und war erstaunt, eine riesige, fies aussehende Hauskatze zu finden. Das war eine bestürzende Entdeckung, denn Katzen gehören zu den größten Zerstörern der Inselfauna. Wenn sie in großer Zahl in die Bergwälder von Guadalcanal vorgedrungen waren, gab es wenig Hoffnung darauf, dass Kaiser, König und Schweinchen hier überlebt hatten. Die Dorfbewohner bestätigten mir später, dass die Riesenratten in der Region entweder sehr selten oder schon ausgestorben waren. Und natürlich war auch der alte Mann namens *Hue Hue*, von dem Peter gesprochen hatte, nirgends zu finden.

Am nächsten Morgen kamen Dorfbewohner und brachten uns die Netze und Fallen, die wir am Tag zuvor auf dem Berg aufgestellt hatten. Zunächst freute ich mich, da Ratten in die Fallen gegangen waren – es waren große, schwarze Tiere, die ich nicht sofort erkannte. Es war ein weiterer Schlag, als ich feststellte, dass es sich ausschließlich um Exemplare der eingeschleppten Pazifikratte handelte. Die gesamte vierbeinige Fauna schien von diesem Duo der eingeschleppten Katze und der eingeschleppten Ratte beherrscht zu werden; beide waren groß und hatten eine schwarze Behaarung entwickelt, vielleicht aufgrund der dichten Vegetation und der Kälte. Diese Entdeckung war so unerwartet wie ernüchternd.

Nach dieser bitteren Pille öffnete ich die Säcke mit den Fledermäusen aus unseren Netzen. Es waren erstaunlich viele, was darauf hindeutete, dass der Sattel tatsächlich eine Menge Fledermausverkehr hatte. In den kleineren Säcken fand ich vertraute Arten, doch aus dem größten Sack, den ich mir bis zum Schluss aufgehoben hatte, blickte mir ein unbekanntes Gesicht entgegen. Als Erstes fielen mir die Augen auf: Sie waren von einem dunklen Rotbraun, wie ich sie noch bei keinem Tier gesehen hatte.

Die Fledermaus, die ich vorsichtig aus dem Sack hob, war etwa halb so groß wie der gewöhnliche australische Flughund. Es handelte sich um ein völlig einmaliges Tier mit einem runden Kopf, einer kurzen Schnauze und kurzen Ohren, die im langen schwarzen Fell verborgen waren. Der Körper war dagegen von einem weichen, goldbraunen Fell bedeckt. Das Besondere waren jedoch die Flügel: Die Oberseite war unauffällig schwarz, doch die Unterseite war schwarzweiß marmoriert und einmalig unter den bekannten Fledermausarten. Ich zeigte sie den Männern aus dem Dorf, die uns begleiteten. Obwohl einige von ihnen erfahrene Jäger waren, hatten sie das Tier nie zuvor gesehen und hatten keinen Namen dafür. Das war allerdings nicht weiter verwunderlich, denn die Bewohner von Valearanisi stiegen nur selten den Makarakomburu hinauf, weil sie meinen, dass hier die Geister leben, und nachts jagten sie schon gar nicht dort. Da ich die großen Säugetiersammlungen in Europa und Nordamerika kannte, wusste ich, dass niemand je ein solches Tier mitgebracht hatte.

Zwar werden auch heute noch bisweilen neue Säugetierarten entdeckt, doch das sind meist kleine Arten, vor allem Mäuse und kleine insektenfressende Fledermäuse. Wenn größere Arten entdeckt werden, dann meist in Museen, wo frühere Forschergenerationen sie aus unerfindlichen Gründen übersehen hatten. Es kommt selten vor, dass in freier Wildbahn größere neue Arten entdeckt werden, und selbst wenn, dann stellen die Wissenschaftler meist fest, dass die Einheimischen das Tier längst kannten, weshalb ihnen nur der Ruhm bleibt, seine Existenz in einer Fachzeitschrift zu verkünden. Als ich das Tier in Händen hielt, wurde mir klar, dass es sich um einen ganz seltenen Fall handelte. An diesem Morgen hatte ich das Privileg, einem Tier in die Augen zu

sehen, das vor mir noch niemand gesehen hatte. In all meinen
Jahren der Feldforschung war es das einzige Mal, dass ich eine
vollkommen neue Entdeckung machte.

Die genaue Bestimmung der Fledermaus gab mir zwar Rätsel
auf, doch die Familie war sofort klar. Es war eine kleine Angehörige der Familie der Affengesicht-Flughunde. Die tiefergelegenen
Regionen waren die Heimat ihrer größeren, schwarzen Verwandten, doch die Bedingungen in den höheren Lagen hatten andere
Eigenschaften gefördert und diese Zwergform entstehen lassen.
Nach meiner Rückkehr nach Australien verfasste ich eine Beschreibung dieser neuen Art und suchte einen Namen. Ich entschied
mich für *Pteralopex pulchra*, den schön geflügelten Polarfuchs.
Bis heute gibt es außer den wenigen Notizen, die ich an diesem
Morgen vor zwanzig Jahren auf dem Makarakomburu machte,
keine weitere Beschreibung von dieser Art.

Im Laufe unseres Aufenthalts schienen die Dorfbewohner immer gieriger und aggressiver zu werden und verlangten absurde
Preise für Verpflegung und Unterstützung. Unsere Beziehung
verschlechterte sich, und ich schlief neben meinem Gewehr und
meiner Machete. Nicht, dass mir die beiden weitergeholfen hätten, wenn es wirklich zum Konflikt gekommen wäre. Außerdem
musste ich mich damit abfinden, dass ich den Gipfel des Mount
Makarakomburu nie zu sehen bekommen würde. Die Zeit war
zu knapp und die Situation zu angespannt, um einen Aufstieg in
Betracht zu ziehen. Als sich die Konfrontationen mit den Dorfbewohnern verschärften, war ich oft kurz davor, die Geduld zu
verlieren. Das passiert mir äußerst selten, und ich erkannte, dass
wir so schnell wie möglich aufbrechen mussten, um größere
Unannehmlichkeiten zu vermeiden.

Später habe ich oft über das Verhalten der Bewohner von
Valearanisi nachgedacht. Es hing sicher damit zusammen, dass es
der Regierung nie gelungen war, das Dorf völlig unter Kontrolle

zu bringen, und die alten Traditionen fortbestanden. Und natürlich hatten das Goldbergwerk und die Geschichten von gewaltigen
Reichtümern die Wahrnehmung der Weißen durch die Dorfbewohner beeinflusst. Sie lebten zwar auf der anderen Seite des Berges, doch sie wollten ihren Anteil an dem Reichtum, der an ihnen
vorüberfloss. Es ist nicht weiter verwunderlich, dass sie das Bergwerk als Raub ihres Erbes ansahen.

Vielleicht spielten auch die großzügigen Hilfslieferungen eine
Rolle, mit denen die australische Regierung die Bewohner von
Valearanisi nach dem Wirbelsturm Namu bedacht hatte. Zunächst dachte ich, das könne vielleicht eine gewisse Dankbarkeit
wecken, doch die Dorfbewohner sahen das anders. Sie erwarteten, dass ich es meinen Landsleuten gleichtun und meinen scheinbar grenzenlosen Reichtum unter ihnen verteilen würde. Als das
nicht passierte, reagierten sie enttäuscht und wütend.

Die Situation wurde noch verschärft durch einen abstrusen
Endzeitkult. Einige junge Männer aus dem Dorf waren nach
Honiara gefahren und hatten dort einen Propagandafilm einer
fundamentalistisch-christlichen Sekte aus den Vereinigten Staaten gesehen, in dem das Ende der Welt dargestellt wurde. In dem
Film schwebten die Rechtgläubigen auf wunderbare Weise gen
Himmel, während die übrigen verdammt waren, auf der von
Gott verlassenen Erde zugrunde zu gehen. Die jungen Männer,
die den Film gesehen hatten, beschrieben mir die Zukunft in
grellen Details: Flugzeuge, die vom Himmel fielen, schreckliche
Autounfälle und andere Katastrophen. Das Dorfoberhaupt erklärte mir, im Jahr 2000 – also in nicht einmal zehn Jahren –
werde die Welt untergehen. Ich unterhielt mich stundenlang mit
ihnen und versuchte sie zu überzeugen, dass das Ende der Welt
die Ausgeburt einer kranken Phantasie war, doch ohne Erfolg.
Ihre Gier schien mir in seltsamem Widerspruch zu ihrem Endzeit-
glauben zu stehen.

Der Hubschrauber sollte uns an einem verabredeten Tag wieder abholen, doch ich war zunehmend besorgt, dass er wegen des immer schlechteren Wetters nicht mehr kommen würde. In Melanesien ist nichts sicher, außer der Vergänglichkeit des Lebens. Inzwischen war unsere Beziehung zu den Dorfbewohnern vollends zerrüttet, und der Abend vor der erwarteten Ankunft des Hubschraubers war einer der angespanntesten, den ich je erlebt habe. Unsere Mittel aus der großzügigen Stiftung von Winifred Violet Scott waren weitgehend erschöpft, und ich wurde unablässig bedrängt, exorbitante Summen für unsere Unterkunft und Verköstigung zu bezahlen.

Aber trotz aller Frustration kann ich es mir selbst nicht erklären, warum ich plötzlich wutentbrannt ein Buschmesser in der Hand hielt. Ich hatte Angst, dass jemand unsere Ausrüstung stehlen könnte, doch in mir kochte ein jugendliches, dummes Blut hoch und ließ mich auf eine Weise handeln, für die ich mich noch heute schäme. Ich bin dankbar, dass ich meinen Zorn so lange bändigen konnte, bis ich das Knattern des Hubschraubers hörte. Eine Stunde später befanden wir uns auf dem Rückweg in eine vollkommen andere Welt. Tanya berichtete mir, die Bewohner von Valearanisi seien noch Monate später in ihr Büro im Umweltministerium gekommen und hätten Entschädigungszahlungen für unseren Besuch verlangt.

Als der Hubschrauber durch das vom Wirbelsturm verwüstete Tal heranknatterte, erhielt ich jedoch ein schönes und unerwartetes Geschenk. Ein alter Mann, den ich bei unserer Ankunft kennengelernt hatte, lief mit einer Plastiktüte in der Hand auf mich zu. Ich hatte ihm erzählt, dass ich mich für Fledermäuse interessierte, und er reichte mir die Tüte mit fragendem Blick. In der Tüte saß ein winziges Wesen mit silbrigschwarzem Fell, das so schön war wie das einer Chinchilla. Es war ein fast mythisches Tier: die Blumennasen-Fledermaus (*Anthops ornatus*) der Salomonen.

Charles Woodford hatte die Art im Jahr 1886 entdeckt, und das letzte Mal war sie im Jahr 1936 gesehen worden, als der belgische Missionar Pater Poncelet aus Bougainville meinem Vorgänger Ellis le Geyt Troughton ein Exemplar ins Australische Museum geschickt hatte. Ich sah der Fledermaus in ihr sonderbares Gesicht. Ihre Augen waren gänzlich unter dem weichen silbrigen Fell verborgen, und ein seltsames, leuchtend orangefarbenes und blumenförmiges Hautgebilde bedeckte ihr Gesicht. Dieses Gebilde bestand aus drei kleinen, orangefarbenen Kugeln über der Stirn und darunter zahlreiche übereinanderliegende leuchtend orange Hautlappen, die sich wie eine Radarschüssel um die Nase legten.

Welche sonderbare Laune der Natur hatte dieses lebende Juwel über Jahrmillionen hinweg geformt? Seine Vorfahren waren vermutlich auf die Salomonen gekommen, lange bevor Nord- und Südamerika miteinander verbunden waren, Neuguinea seine heutige Form hatte oder die ersten aufrecht gehenden Affen die Bildfläche betraten. Seine nächsten Verwandten waren, wie ich später entdecken sollte, 15 Millionen Jahre alte Fossilien aus Australien.

Was hatte dieses Tier, das vermutlich ein Waldbewohner war, dazu gebracht, in die Hütte eines alten Mannes zu fliegen, der zufällig wusste, dass ein weißer Mann in der Gegend war, der dieses Geschenk zu schätzen wusste? Er erzählte mir, wie er die Fensterläden seiner Hütte geschlossen und das Tier zusammen mit seinen Kindern gejagt hatte, bis es ihnen schließlich gelang, es einzufangen. Ich gab ihm den Rest von Winifreds Geld und nahm das wunderbare Geschenk dankbar an.

Das Mendana Hotel in Honiara mit seinem kalten Bier und seinen heißen Duschen erschien mir ein fremder Ort. Nur wenige Stunden zuvor hatte ich an der Welten entfernten Wetterküste von Guadalcanal in meine eigenen Abgründe geblickt und dann etwas erhalten, das mir wie ein Geschenk Gottes vorkam.

13
PONCELETS RIESE UND DIE LETZTEN GROSSEN WÄLDER

Am nördlichen Ende der Kette der Salomonen liegt die große Insel Bougainville mit ihrem kleinen Nachbarn Buka. Mit ihren fast 2600 Meter hohen Bergen (ein wenig höher als die von Guadalcanal) und einer Fläche von achteinhalbtausend Quadratkilometern ist Bougainville ein biologisches Wunderland, auf dem bis heute neue Arten entdeckt werden. Aber ich habe nie dort geforscht. Die Insel ist gut über Flughäfen angebunden und hat eine ausgezeichnete Infrastruktur – es schien zu einfach. Bougainville konnte warten, dachte ich. Das war ein Fehler.

Das Kupferbergwerk von Panguna, das seinen Betrieb im Jahr 1969 aufnahm, schuf eine Vielzahl von Problemen, angefangen von der Umweltverschmutzung bis zu sozialen Ungerechtigkeiten, doch die Proteste der Inselbewohner blieben ohne Folgen. Im Jahr 1988 gründete ein Mann namens Sam Kaona aus Frustration über den mangelnden Fortschritt bei der Beilegung der Probleme eine Guerillabewegung, die sogenannte Revolutionsarmee von Bougainville, und verschanzte sich im Urwald. Die Bewegung wurde zunächst nicht ernst genommen, doch schon im Mai 1989 war das Bergwerk von Panguna, eines der größten der Region, gezwungen, den Betrieb einzustellen. Es folgte ein langer und brutaler Bürgerkrieg, der inzwischen glücklicherweise beigelegt ist. Doch es bleibt gefährlich, die Berge im Süden der Insel zu besuchen.

Obwohl ich nicht nach Bougainville reisen konnte, erfuhr ich durch eine archäologische Ausgrabung auf der Nachbarinsel Buka etwas über seine Fauna. Auf dem Tiefststand des Meeresspiegels vor 20 000 Jahren war Buka über eine Landbrücke mit Bougainville verbunden, und die beiden Inseln hatten dieselbe Fauna. Matthrew Spriggs, ein Archäologe der Australischen Nationaluniversität, hatte in einer der Höhlen der Insel Ausgrabungen durchgeführt und Überreste von Tieren aus der letzten Eiszeit entdeckt. Ich konnte nur die gefundenen Nagetiere im Detail untersuchen, doch ich identifizierte fünf verschiedene Arten von Riesenratten, von denen zwei nie lebend gesehen worden waren. Beide schienen Höhlenbewohner zu sein, wie der Kaiser von Guadalcanal, und eine war die größte Ratte, die je auf den Salomonen gesehen worden war. Die Archäologen fanden zahlreiche Überreste, was darauf schließen lässt, dass die Tiere häufig vorkamen. Aber wie sollte ich dieser Spur nachgehen, während auf Bougainville ein Bürgerkrieg tobte?

Buka und Bougainville waren nicht die einzigen Inseln, die während der letzten Eiszeit miteinander verbunden waren. Aufgrund des niedrigen Meeresspiegels bildeten die nordwestlichen Inseln der Salomonen eine große Insel namens Groß-Bukida. Es muss sich um eine der größten Pazifikinseln gehandelt haben, die von Buka bis zum Nggela-Archipel vor Guadalcanal reichte. Tiere durchstreiften ungehindert die gesamte Region, was bedeutete, dass die Fauna dieser Inseln zumindest im Tiefland sehr ähnlich sein musste. Vielleicht war es möglich, über die verstreuten Bruchstücke von Groß-Bukida Rückschlüsse auf die Fauna von Bougainville zu ziehen.

Eine der fossilen Arten aus der Höhle von Buka war bislang nur von einem einzigen Europäer gesehen worden. Es handelte sich um die Poncelet-Nacktschwanzratte, und sie war von demselben Pater Poncelet gesammelt worden, der die Blumennasen-Fledermaus an Ellis Troughton geschickt hatte. In den dreißiger Jahren lebte Poncelet in Buin im Süden von Bougainville. Bei einem Besuch in Sydney stattete er dem Australischen Museum einen Besuch ab, um anzufragen, ob er den Wissenschaftlern bei der Sammlung von Exemplaren behilflich sein konnte. Sein Angebot wurde dankbar angenommen, denn schon damals war eine Reise nach Bougainville gefährlich, und kaum jemand wagte sich dorthin. Ein Zeitungsartikel aus dem Jahr 1935 beschreibt, wie sich ein Missionar (vielleicht Poncelet selbst) auf die Suche nach einem unbekannten Stamm machte, der angeblich in den Bergen lebte. Er trug nur seinen Spazierstock, und als er das Dorf fand, waren die Einwohner vollkommen überrascht:

> *Sie rieben seine Haut, um sich zu überzeugen, dass die Farbe echt war und es sich nicht etwa um eine Bemalung handelte. Dann diskutierten sie, was mit ihm geschehen solle, und kamen offenbar zu dem Schluss, dass es dieser Mann nicht wert war, getötet zu werden – sehr zur Erleichterung des Priesters, der schon um sein Leben gefürchtet hatte, da die Eingeborenen zwar keine Kannibalen im engeren Sinne waren und nicht auf Menschenjagd gingen, wohl aber bekannt dafür waren, Eindringlinge gelegentlich zu töten und zu verzehren.*[19]

Zur Freude von Ellis Troughton schickte Poncelet kurz nach seinem Besuch eine sorgfältig dokumentierte Sammlung aus Bougainville. Der aufregendste Teil der Sendung waren der eingelegte Körper und zwei Schädel eines bis dahin unbekannten Riesennagers. Das Tier war so groß wie eine Katze, hatte einen nackten Kletterschwanz und ein raues, kastanienbraunes Fell, das sich auf dem Kopf und Hals zu einem Mecki aufstellte. In seinem Begleitbrief schrieb Pater Poncelet, er habe das Tier 15 Kilometer von seiner Missionsstation entfernt im dichten Urwald gefunden; es komme sehr selten vor und werde von den Einheimischen *na-*

gara genannt. Zu Ehren des Belgiers nannte Troughton das Tier *Unicomys ponceleti.*

Seit Poncelets Tagen kamen immer wieder Biologen auf die Insel, doch den ungewöhnlichen Nager sichteten sie nicht mehr. War er wie die Kaiserratte von Guadalcanal inzwischen ausgestorben? Nach Bougainville sind die Inseln Choiseul und Santa Isabel die größten Bruchstücke von Groß-Bukida, und da sie politisch nicht zu Neuguinea, sondern zu den Salomonen gehören, waren sie nicht in den Bürgerkrieg verwickelt. Hier hatte ich noch am ehesten eine Chance, Poncelets Riesenratte und andere Ratten, die es noch auf Bougainville geben konnte, zu sehen. Begleitet wurde ich vom australischen Fledermausexperten Harry Paranby sowie von Ian Aujare und Tanya Leary. Da Ian von Santa Isabel stammte, konnte er uns in den Dörfern der Insel viele Türen öffnen.

Krankheiten, Sklavenhändler aus Australien und Kopfjäger von Neugeorgien hatten die Bevölkerung von Choiseul und vor allem Santa Isabel zu Beginn des 20. Jahrhunderts weitgehend ausgelöscht. Noch zum Zeitpunkt unseres Besuchs wohnten nur wenige Menschen auf den Inseln, weshalb selbst im Tiefland große Urwaldgebiete erhalten geblieben waren. Wir hofften, dass Poncelets Ratte und ihre Verwandten in diesem Dschungel mit seinen mächtigen Urwaldriesen und seiner großen Vielfalt von Nüssen und Früchten ein Refugium gefunden haben könnten.

Nach einer wochenlangen ergebnislosen Suche lernten wir schließlich einen Jäger kennen, der behauptete, eine Riesenratte zu kennen. Sie hieß nicht *nagara*, wie auf Bougainville, sondern *vusala.* Aber handelte es sich bei *vusala* tatsächlich um Poncelets Riesenratte? Das konnten wir nur herausfinden, wenn wir ein Exemplar untersuchten. Der Jäger durchforstete einen großen Sumpfwald in der Nähe des Dorfs Vudutaru und fand dort im Februar 1990 ein Weibchen mit einem einzelnen Jungtier, das etwa halb so groß war wie die Mutter. Sie hatten zusammen in einem großen, adlerhorstähnlichen Nest aus Zweigen hoch in der Krone eines der größten Bäume der Gegend geschlafen.

Als das Tier im Museum eintraf, verglich ich es mit dem, das Pater Poncelet sechzig Jahre zuvor geschickt hatte. Ein Unterschied stach sofort ins Auge: Das Fell der Ratte von Choiseul war schwarz und nicht kastanienbraun wie das von Poncelets Ratte. Aber bedeutete das, dass es sich tatsächlich um unterschiedliche Arten handelte? Ein Vergleich von Zähnen, Skelett, Füßen und anderen anatomischen Eigenschaften ergab jedenfalls keine signifikanten Unterschiede. Daher nahm ich an, dass die unterschiedliche Färbung eine Folge des Konservierungsmittels war, das Poncelet verwendet hatte. Wir fanden nie heraus, welche Chemikalie die Färbung verändert hatte. Aber wir konnten immerhin festhalten, dass die Riesenratte der Nordsalomonen nach sechzig Jahren wiederaufgetaucht war.

Die Information, die wir dank der Exemplare aus Choiseul erhielten, ist entscheidend für den Erhalt der Art. Erstens bewies sie, dass das legendäre Nagetier noch existierte. Zweitens zeigte sie, dass die Fortpflanzungrate der Art extrem niedrig ist: Weibchen ziehen immer nur ein Junges groß und versorgen es, bis es fast ausgewachsen ist. Schon geringer Jagddruck konnte das Tier ausrotten. Unsere Forschung ergab jedoch auch, dass die Art unberührte Wälder benötigt: Wenn den gewissenlosen Holzunternehmen, die auf den Inseln ihr Unwesen treiben, nicht Einhalt geboten wird, kann die Art nicht überleben. Aber Poncelets Ratte ist nicht die einzige bedrohte Art. Wie wir bald herausfanden, benötigen auch Affengesicht-Flughunde, kleinere Riesenratten und viele andere Arten der Salomonen unberührte Wälder zum Überleben.

Um die Verteilung der Arten auf den Salomonen zu verstehen, muss man die Eiszeit berücksichtigen. Einige Inseln, die heute weit auseinanderliegen, bildeten damals eine gemeinsame Landfläche, während andere benachbarte Inseln eigenständig blieben, weil sie von tieferen Gewässern umgeben sind. Eine Region war immer isoliert. Ihre größten Inseln sind Kolombangara, Neugeorgien und Vangunu, und die Gewässer und Riffe der Gegend gehören zu den unberührtesten und schönsten in ganz Ozeanien.

Die einzigen von diesen Inseln bekannten Säugetiere waren Fledermäuse, weshalb der Fledermausexperte Harry Parnaby dort die Vorhut übernahm. Eines der Tiere, die er fing, stieß ein neues Forschungsprojekt an. Es handelte sich um einen kleinen Affengesicht-Flughund, die kleinste bislang bekannte Art, mit orangefarbenen Augen, gesprenkelten Flügeln und kurzem, goldenem Fell. Es handelte sich um eine bislang unbekannte Art, doch sie war offensichtlich mit der Art verwandt, die ich am Mount Makarakomburu entdeckt hatte. Harry gab ihr den Namen *Pteralopex taki*, da die Bewohner von Neugeorgien und Vangunu sie *taki* nannten. Mir gefällt die Praxis, bei der Benennung neuer Arten örtlich geläufige Namen zu verwenden, denn sie erkennt das Wissen der Menschen einer Region um ihre Fauna an. Dank dieser Tradition gehen gelegentlich auch regionale Namen in den internationalen Sprachgebrauch ein, zum Beispiel der Koala oder der Wombat.

Weil die Takis in einer leicht zugänglichen Region lebten, boten sie eine ausgezeichnete Gelegenheit für eine Untersuchung ihres Lebensraums. Da es bislang keine vergleichbare Untersuchung für einen Affengesicht-Flughund gab, beauftragte ich 1992 die Promotionsstudentin Diana Fisher von der Sydney University, mit einem Forschungsstipendium aus dem Scott-Erbe eine solche Untersuchung durchzuführen. Sie lebte von Februar bis Mai des Jahres auf der Insel und kehrte mit einer Untersuchung zurück, die einmalige Einblicke in das Leben dieser einmaligen Geschöpfe gibt. Da es immens zeitaufwendig ist, in einem ausgedehnten tropischen Urwaldgebiet Fledermäuse zu untersuchen, bat Diana einige Dorfbewohner um Unterstützung. Sie fällten lange Bambusrohre, spannten in verschiedenen Teilen des Waldes Netze auf und beobachteten die Nacht über, ob sich Fledermäuse darin verfingen.

Gleich zu Anfang machte Diana die Entdeckung, dass die Takis trotz ihrer kräftigen Zähne ausgesprochen freundliche Tiere waren. Selbst wenn sie aus dem Netz befreit wurden, bissen sie nur selten, und sie schienen sich nicht sonderlich vor Menschen zu fürchten. Diese Friedfertigkeit haben sie mit vielen Inselbewohnern gemeinsam. Da sie keine Fressfeinde haben, erwarten sie nicht, dass ihnen Menschen Schaden zufügen, und machen keinen Ärger, wenn sie angefasst werden.

Auf zwei der drei großen Inseln der Gruppe kamen die Takis verhältnismäßig zahlreich vor, doch auf Kolombangara, das in den siebziger Jahren durch Rodungen verwüstet worden war, fehlten sie völlig. Obwohl Diana dort kein einziges Exemplar fand, erzählten ihr Einheimische, vor den Rodungen hätten sie das Tier häufig gesehen. Ein Mann berichtete, er habe gesehen, wie die Takis panisch aus ihren Nestern flohen, als der letzte Urwaldriese zu Boden krachte. Die Fledermäuse seien in der Ferne verschwunden und nie wieder gesehen worden.

Zunächst verstanden wir nicht, warum die Takis unberührte Urwälder zum Überleben benötigten. Schließlich wuchsen die Früchte, von denen sie sich ernährten, auch in anderen Wäldern und sogar in alten Gärten und Dörfern. Diana fand die Antwort, als sie die Fledermäuse mit Sendern ausstattete und ihre Nistplätze ausfindig machte. Die Tiere nisteten ausschließlich in hohlen Baumriesen des fruchtbaren Tieflands, also genau den Bäumen, die als Erstes der Motorsäge zum Opfer fallen. Aber ohne Nistplätze, in denen sie ihre Jungen aufziehen und sich tagsüber verstecken, können sie nicht überleben.

Die Takis sind sehr gesellige Tiere. Wie Sardinen quetschen sich bis zu zehnt von ihnen in die zehn Meter und höher gelegenen

Höhlen der Urwaldriesen. Bei ihrer Arbeit entdeckte Diana eine weitere, größere Fledermausart, die sich die Höhlen mit den Takis teilte. Es gelang ihr nie, ein Exemplar zu fangen, weshalb sie die Art nicht bestimmen konnte. Bis heute bleibt dieses Tier ein biologisches Rätsel. Die Inseln bargen jedoch ein noch größeres Rätsel, denn die Dorfbewohner berichteten Diana von Riesenratten, die im Wald lebten. Da sie sich auf ihre Flughunde konzentrierte, konnte sie diesem Hinweis nicht nachgehen, doch es ist fast sicher, dass in den Wäldern von Vangunu und Neugeorgien eine bislang unbekannte Rattenart darauf wartet, von einem abenteuerlustigen Biologen entdeckt zu werden.

Gegen Ende ihres Aufenthalts machte Diana eine überraschende Entdeckung. Bis zum 24. April waren ihre Takis stumm geblieben, selbst wenn sie sic in die Hand genommen hatte. Daher ging sie davon aus, dass die Tiere keine Laute von sich gaben. Aber eines Abends kurz nach Sonnenuntergang stieß ein Männchen in einem Sack einen »sehr lauten, hohen Ton« aus. Der Ruf wurde sofort von einem anderen Tier in einem zweiten Sack erwidert. Von dieser Nacht an riefen die Takis einander häufig, aber nur in der ersten Stunde nach Sonnenuntergang.[20]

Wir wissen nicht, was die Takis einander zuriefen, aber wir können Vermutungen anstellen. Manchmal versuchte ein Männchen, einen Rivalen zu übertönen, während bei anderen Gelegenheiten die Weibchen den Männchen in einer Art Duett antworteten. Bei anderen Säugetieren ist dieses Verhalten typisch für die Paarungszeit, doch Diana beobachtete, dass die Takis ihre Rufe ausstießen, während die Weibchen trächtig waren oder Milch gaben. Es ist zwar denkbar, dass sich die Takis unmittelbar nach der Geburt der Jungen paaren, aber ihre Duelle und Duette haben vielleicht auch eine ganz andere Funktion. Was immer sie bedeuten, das Sozialleben der Takis ist offenbar komplexer, als wir es erwartet hatten.

Es ist ein wunderbares Erlebnis, Einblick in das geheime Leben einer Art zu erhalten, und für uns war es ein seltener Genuss. Aus Zeit- und Geldmangel beschränkte sich unsere Arbeit meist darauf, die bloße Existenz einer Art festzustellen, während ihr Lebensraum und ihr Sozialverhalten im Dunkeln blieben. Es war jedoch auch traurig zu erfahren, wie verwundbar diese freundlichen Wesen gegenüber den Rodungen waren. Als Diana die Takis untersuchte, hatten im Norden von Neugeorgien und Vangunu bereits die Rodungen begonnen. Seither war niemand auf den Inseln, um zu sehen, wie es den Fledermäusen angesichts dieser erbarmungslosen Zerstörung des Urwalds ergeht. Zu ihrem Schutz wurde nichts unternommen. Der Bericht über diese erstaunlichen Tiere, den wir an die Regierung der Salomonen schickten, verstaubt vermutlich ungelesen in der Schublade eines Beamten in Honiara.

IV

FIDSCHI UND NEUKALEDONIEN

Nauru

PAZIFISCHER OZEAN

Salomonen

Malaita

Makira
(San Cristobal)

Santa-Cruz-Inseln

Tuvalu

N

S

Pentecost

Vanuatu

Vanua Levu

▲Taveuni
Des Voeux Peak

Viti Levu

○**Suva**

Mt. Panié▲

Loyalty-Inseln

Bourail○

Fidschi-Inseln

Neukaledonien
(franz.)

▲Mt. Koghi

○**Nouméa**

0   200   400   600km

Unter den weit verstreuten Inseln des Pazifiks mussten wir irgendwo eine Grenze für unsere Expeditionen finden, und wir beschlossen, diese im Osten bei den Fidschi-Inseln und im Süden bei Neukaledonien zu ziehen. Jenseits dieser Grenze nimmt die Größe der Inseln und die Vielfalt ihrer Säugetierarten rapide ab.

Fidschi und Neukaledonien sind bereits so weit von Neuguinea entfernt, dass sie von Landsäugern wie Ratten und Beuteltieren nicht mehr erreicht wurden. Aber Reptilien und Vögel sind sehr viel besser in der Lage, das Meer zu überqueren, und vor der Ankunft der Menschen waren beide Inselgruppen der Lebensraum von bizarren und riesigen Schuppen- und Federtieren. Das schwerste Landtier auf beiden Archipelen war eine heute ausgestorbene gehörnte Schildkröte. Der Rückenpanzer dieses friedlichen Pflanzenfressers war einen Meter lang, und der Schwanz sah mit seinem Knochenpanzer aus wie eine mittelalterliche Keule. Auf dem Kopf trug sie zwei Hörner, die an eine Kuh erinnern. Auf beiden Inselgruppen stand außerdem ein ähnliches Raubtier an der Spitze der Nahrungskette: ein ebenfalls inzwischen ausgestorbenes Landkrokodil mit einer quadratischen Schnauze, scharfen Schneide- und stumpfen Backenzähnen. Mit seinen ein bis zwei Metern Länge konnte es dem Menschen zwar nicht gefährlich werden, aber es war in der Lage, eine Reihe kleinerer Beutetiere zu fressen.

Beide Archipele wurden außerdem von großen, flugunfähigen Vögeln bewohnt. Auf den Fidschi-Inseln war der größte Vogel eine flugunfähige Riesentaube, die an den Dodo von Mauritius erinnerte, und auf Neukaledonien nahm ein Riesen-Großfuß-huhn, ein Verwandter des australischen Buschhuhns, diese Rolle ein. Letzteres war einen Meter lang und trug einen großen Horn-höcker auf dem Schnabel. In verschiedenen Teilen der Insel wurden Steinhaufen gefunden, und man nimmt an, dass der Vogel diese zusammentrug und als Nistplatz verwendete. Die einzigen Säugetiere auf beiden Inselgruppen sind Fledermäuse, über ausgestorbene Säugetiere ist nichts bekannt.

Der unerschöpfliche Strom menschlicher Siedler wurde durch die Weite des Ozeans gebremst, der Fidschi beziehungsweise Neukaledonien von ihren nächsten Nachbarn trennt. Erst vor dreitausend Jahren kamen die ersten Menschen hierher – zu einem Zeitpunkt, als die Pyramide von Gizeh bereits ein historisches Monument war. So spät die Menschen kamen, so nachhaltig war ihr Einfluss. Die gehörnten Schildkröten, Landkrokodile und Riesenlaufvögel verschwanden in dem schwarzen Loch, das sich zwischen Nase und Kinn des Menschen auftut. Auch die von den Siedlern mitgebrachten Hunde und Schweine trugen vermutlich ihren Teil zum Aussterben der einmaligen Inselfauna bei, genau wie die Ratten, die als blinde Passagiere in den Kanus mitgereist waren. Wie auf anderen Inseln hatten die eingeschleppten Ratten wahrscheinlich große, wenn auch weitgehend unbekannte Auswirkungen auf die kleineren Lebewesen der Insel.

Die Kulturen der Fidschi-Inseln und Neukaledoniens sind deutlich stärker hierarchisch organisiert als die der Salomonen und Neuguineas. Zur traditionellen Kultur der Fidschis gehört es, dass Stammesführer ihre Untergebenen fast wie Sklaven behandelten. Als die Europäer kamen, waren diese Führer offenbar im Begriff, ihre politische Macht auszudehnen und größere Herrschaftsgebiete zu schaffen. Zu Beginn des 19. Jahrhunderts hatte auf den nahe gelegenen Freundschaftsinseln, die starke kulturelle

Bande zu Fidschi unterhielten, ein Stammesführer namens Finau die Macht zentralisiert und das erste Königreich der Region errichtet.

Das Fidschi-Archipel besteht aus mehr als dreihundert Inseln rund um die beiden großen Inseln Viti Levu und Vanua Levu. Die letzteren beiden entstanden durch vulkanische Aktivitäten und sind Dutzende Millionen Jahre alt. Mit ihren hohen Bergen verfügen sie über eine große Vielfalt von Arten, die nur auf diesen Inseln vorkommen. Der erste Europäer, der die Fidschis sichtete, war der Holländer Abel Tasman, der 1643 hier vorüberkam. Spätere europäische Seefahrer mieden die Gegend aus Furcht vor Menschenfressern und kriegerischen Wilden. Einige Strandgutsammler, Walfänger, *bêche-de-mer*-Händler und Aussteiger fügten sich jedoch, so gut sie konnten, ins Dorfleben ein. Im Jahr 1874 wurde Fidschi britische Kolonie, und Plantagenbesitzer importierten Arbeitskräfte aus Indien zur Arbeit auf den Zuckerrohrfeldern. Heute leben vor allem Ureinwohner und die Nachfahren der Inder auf den Inseln.

Anders als Fidschi gehörte Neukaledonien ursprünglich zum Festland und brach vor neunzig Millionen Jahren von Ostaustralien ab. Neukaledonien ist von nur wenigen Inseln umgeben; die Loyalty-Inseln, die politisch zu Neukaledonien gehören, sind deutlich jünger und haben eine andere Flora und Fauna. Neukaledonien ist bekannt für seine außergewöhnliche Artenvielfalt vor allem bei den Pflanzen; die ältesten gehören zu Familien, die anderswo seit der Zeit der Dinosaurier ausgestorben sind.

Neben Hawaii war Neukaledonien eine der großen Entdeckungen von James Cook. Australien, Neuseeland und die anderen großen Inseln, deren Küsten er vermaß, waren sämtlich bereits von anderen Europäern entdeckt worden. Cook sichtete die Insel im Jahr 1774 und gab ihr den Namen Neukaledonien, weil ihn die karge Vegetation der nickelreichen Berge an die schottische

Heidelandschaft erinnerte (Kaledonien war der Name, den die Römer dem Norden Britanniens gaben). In den 1840er Jahren trafen französische Missionare ein, und 1853 wurde die Insel offiziell von den Franzosen kolonisiert. Wie Australien diente Neukaledonien als Strafkolonie.

Heute ist Neukaledonien eine der letzten europäischen Kolonien. Rein technisch handelt es sich um eine *Collectivité sui generis*, ein »Überseegebiet mit Sonderstatus«; erst seit Juli 2010 darf neben der französischen Trikolore die Flagge der Kanaken (so der Name der Ureinwohner) als weitere offizielle Fahne der Inseln gehisst werden.

Während unserer Expeditionen veränderte sich die politische Lage auf Fidschi und Neukaledonien rapide. Dr. Sandra Ingleby, heute Leiterin der Säugetiersammlung am Australischen Museum, organisierte die Untersuchungen auf Fidschi, während ich die Forschungsreise nach Neukaledonien leitete. Beide Untersuchungen erforderten mehrere Expeditionen über einen Zeitraum von einigen Jahren; Sandra wurde gelegentlich von Pavel German und mir unterstützt, während Alexandra Szalay mir bei meinen Expeditionen nach Neukaledonien zur Seite stand.

14

FLEDERMÄUSE AN DER GRENZE

Im 19. Jahrhundert hatten die Fidschi-Inseln keinen guten Ruf. Sie waren auch als Menschenfresserinseln bekannt, und es war der Albtraum eines jeden Seefahrers, dort Schiffbruch zu erleiden. Trotzdem kamen viele europäische Besucher, und einige schlossen Freundschaft mit den Einheimischen. Einer war der Amerikaner William Endicott, der 1831 im Dorf Bona-Ra-Ra lebte. Sein Schiff *Glide* sammelte *bêche-de-mer*, eine Seegurkenart, die in China als Potenzmittel verkauft wurde. Da die *bêche-de-mer* in einem langwierigen Prozess an Land verarbeitet werden müssen, mussten sich die Händler irgendwie mit den Inselbewohnern arrangieren.

Während Endicotts Aufenthalt überfielen die Krieger von Bona-Ra-Ra ein Dorf in den Bergen. Bei ihrer Rückkehr trugen sie in einem feierlichen Umzug drei Tote ins Dorf, die sie an lange Pfähle gebunden hatten. Einen der Toten schenkten sie dem Nachbardorf. Einen anderen erkannte eine alte Frau als den Mörder ihres Sohnes. Wutentbrannt nahm sie Rache, indem sie eine Schüssel mit Kava füllte »und sie dem Toten zum Trinken an die Lippen hielt. Dann schüttete sie ihm die Flüssigkeit ins Gesicht und zerschlug die Schüssel auf ihm.« Dann schlug sie einen Bambusbehälter auf seinem Kopf in Stücke und forderte die Männer auf, den Körper mit Hilfe der Bambussplitter zu zerteilen. Endicotts Beschreibung ist bis heute eine eindrucksvolle Lektüre:

Sie begannen, den Körper zu zerlegen. Nachdem sie den beiden Wilden die Köpfe abgetrennt hatten, schnitten sie erst die rechte Hand und den linken Fuß ab, dann den rechten Unterarm und den linken Unterschenkel, und so weiter, bis sie alle Gliedmaßen vom Körper abgetrennt hatten.

Dann wurde ein rechteckiges Stück aus dem Oberkörper geschnitten, beginnend unter der Brust, von ungefähr zwanzig Zentimeter Länge und zehn Zentimeter Breite. Dieses Stück wurde für den König beiseitegelegt … Die Innereien und Därme wurden herausgenommen und zum Kochen gereinigt … Währenddessen wurde der lobu, *der Ofen, vorbereitet. Ein Loch wurde ausgehoben und ein großes Feuer darin entzündet. Zwischen das brennende Holz wurden kleine Steine gelegt. Die zerlegten Körper werden in das Feuer geworfen, und wenn sie gründlich versengt sind, werden sie noch heiß von den Wilden abgeschabt, die zu diesem Zweck um das Feuer sitzen. Dabei wird die Haut völlig weiß …*

Der Kopf des zweiten Wilden wurde in Richtung des Feuers geworfen, doch er verfehlte die Grube und rollte einige Meter von den Männern weg, die um das Feuer saßen. Dort stahl ihn einer der Wilden und trug ihn hinter den Baum, unter dem ich saß. Er nahm den Kopf in den Schoß, und nachdem er die Haare beiseitegekämmt hatte, entfernte er mit den Fingern einige Stücke des Schädels, der von einer Keule aufgebrochen worden war. Dann fing er an, das Gehirn zu essen … Als ich mich ein wenig bewegte, wurde der Dieb entdeckte und musste seine Beute herausrücken.

Die Steine wurden aus dem Feuer genommen, der Ofen wurde gereinigt, das Fleisch sorgfältig in Plantanenblätter gewickelt und in den Ofen gelegt. Die heißen Steine wurden ebenfalls in Blätter gepackt und zwischen das Fleisch gelegt.

*Nachdem alles im Ofen lag, wurde dieser mit einer gut zehn
Zentimeter dicken Blätterschicht bedeckt, dann folgte eine
Schicht Erde, die dick genug war, um die Hitze zu halten.*[21]

Der Kannibalismus war derart tief in der Kultur der Fidschis
verankert, dass ein Untertan das Stammesoberhaupt mit den
Worten »Iss mich!« zu begrüßen hatte. Die Fidschis sind heute
eine unabhängige Nation und stolz auf ihre kulturellen Wurzeln.
Als Direktor des Südaustralischen Museums machte ich einmal
Bekanntschaft mit den Widersprüchen dieses Erbes. Jemand forderte mich auf, das Bild eines Kannibalenfests auf den Fidschi-
Inseln aus der Ausstellung zu entfernen. Ich zögerte, weil die be-
treffende Person freimütig zugab, die Kultur der Fidschis nicht zu
kennen, und weil das Bild in einer Galerie hing, die noch aus dem
Jahr 1948 stammte und damit das älteste intakte Ausstellungs-
ensemble Australiens war. Einige Monate später erhielt ich Besuch
von einer Delegation der Inselgruppe und fragte sie nach ihrer
Meinung. Sie rieten mir, das Bild nicht zu entfernen. Es sei Teil
ihres Erbes, und dessen sollten sie sich nicht schämen.

Allein der Gedanke an Kannibalismus lässt uns derart erschau-
ern, dass wir instinktiv nach moralischen, nicht nach biologischen
Erklärungen für das Phänomen greifen. Doch selbst in unserer
Gesellschaft wurde Kannibalismus unter bestimmten Umständen
hingenommen, beispielsweise von der britischen Marine, die Kannibalismus stillschweigend tolerierte, wenn Seeleute damit ihr
Leben retteten. Ich glaube jedoch, dass die Biologie bessere Erklärungen für den Kannibalismus beziehungsweise dessen Verbot
bietet als die Moral.

Aus evolutionärer Sicht lässt sich das strenge Tabu erklären,
weil der Kannibalismus einen hohen Preis fordert. Dazu gehört
unter anderem die Übertragung von Parasiten oder gefährlichen
Krankheiten. Kuru ist eine dem Rinderwahn ähnliche Erkrankung

225

des Gehirns, die nur durch Kannibalismus übertragen wird. Diese Krankheit war unter den weiblichen Angehörigen der Fore aus Neuguinea verbreitet, die im Rahmen des Bestattungsrituals Teile der verstorbenen Verwandten aßen. Bevor die australische Kolonialregierung Anfang der 1960er Jahre den Kannibalismus verbot, hatte sich die Kuru-Epidemie derart verbreitet, dass in einigen Dörfern fast nur noch erwachsene Männer lebten.

Wir sollten aber nicht vergessen, dass der Kannibalismus für diejenigen, die ihn praktizieren, durchaus auch seine guten Seiten hat, und zwar in Form einer großen Portion Proteine. Unter manchen Umständen, zum Beispiel wenn Seeleute dem Hungertod ins Auge sehen, kann der Nutzen die Kosten überwiegen. Auf Inseln kann sich die Kosten-Nutzen-Rechnung verändern, unter anderem weil hier die Krankheiten und Parasiten des Festlandes oft nicht vorkommen. Ein gewisser Ratu Udre Udre, der im 19. Jahrhundert auf den Fidschi-Inseln lebte, soll Hunderte Menschen gegessen haben, ohne Schaden zu nehmen. Auf vielen Inseln leben außerdem kaum große Landtiere, weshalb Proteine für die menschlichen Bewohner Mangelware sind. Das heißt, wenn es einen Ort gibt, an dem sich Kannibalismus lohnt, dann auf Inseln. Und tatsächlich war er auf den Pazifikinseln besonders weit verbreitet.

Neuere genetische Untersuchungen haben ergeben, dass die Bewohner der Fidschi-Inseln eine einmalige Geschichte haben. Alle Männer besitzen Y-Chromosome melanesischen Ursprungs, während die Mitochondrien der Frauen polynesische DNA tragen.[22] Die schlüssigste Erklärung für dieses Phänomen ist, dass Melanesier ein Kanu der durch die Inselwelt vordringenden Polynesier überfielen; die Täter töteten die Männer, ruderten hinaus auf den Pazifik, entdeckten die jungfräulichen Fidschi-Inseln und bevölkerten sie mit den Kindern, die sie mit den polynesischen Frauen zeugten.

226

Fidschi hat eine eigentümliche Kolonialgeschichte, die dazu beitrug, dass die traditionelle Kultur erhalten blieb. Statt die *ratu*, die traditionellen Stammesoberhäupter, abzuschaffen, rief der britische Verwalter John Thurston im Jahr 1876 den Großen Häuptlingsrat ins Leben, der die Kolonialregierung beraten sollte. Ein Jahrhundert später sollte dies leidvolle Konsequenzen für die Demokratie des Inselstaats haben.

Wer in die Ortschaft Suva auf der Insel Viti Levu kommt und sich im Grand Pacific Hotel einquartiert, könnte meinen, das Kolonialzeitalter sei nie zu Ende gegangen. Das Hotel liegt am Wasser, an den Decken der hohen Räume drehen sich langsam die Deckenventilatoren, das Personal ist tadellos uniformiert – das Hotel scheint einem Roman von Somerset Maugham entstiegen zu sein. Während Sandra und ich Genehmigungen, Transport und Ausrüstung organisierten, genossen wir das Ambiente des Hotels und einige abendliche Gin Tonics. Doch bald kam der Tag, an dem wir in die Berge aufbrachen. Wir hatten uns entschieden, zuerst die höchsten Gipfel von Viti Levu zu erforschen. Unser Basiscamp war ein Dorf in der Nähe des Staudamms Monasavu auf einer Höhe von etwa 1000 Metern. In dieser Lage besteht der Wald überwiegend aus alpinen Sträuchern, dafür sind die vorkommenden Arten umso faszinierender.

Eine der interessantesten Pflanzen ist die wunderschöne Walzahn-Steineibe (*Acmopyle sahniana*). Der einheimische Name *draubata* kommt von den Blättern, die oben dunkelgrün und unten weiß sind und von der Form an den Zahn eines Pottwals erinnern, der einer der wertvollsten Besitzgegenstände der traditionellen Inselbewohner ist. Die Pflanze ist ein lebendes Fossil und kommt nur noch in zwei kleinen Biotopen entlang der rasiermesserscharfen Kämme der höchsten Berge von Viti Levu vor. Vor fünfzig Millionen Jahren waren ihre Verwandten jedoch in Südostaustralien und Tasmanien weitverbreitet. Aus unbekannten Gründen verschwand die Familie vor 35 Millionen Jahren und blieb nur auf Neukaledonien und Fidschi erhalten.

Ehe wir diese Wunderwelt der Natur erkunden konnten, mussten wir allerdings die Erlaubnis des Dorfältesten einholen, und dazu mussten wir ihm ein Geschenk mitbringen. Die Wahl fiel nicht schwer, denn von einem Freund hörten wir, dass sich das Dorfoberhaupt ein englisches Tafelservice wünschte – für 12 Personen und von einer Qualität, mit der er andere Häuptlinge bewirten konnte. Ich schluckte ein wenig angesichts der Kosten und hoffte, der Geist von Miss Scott werde es mir nachsehen. Dann zog ich los und kaufte das beste Tafelservice, das ich in Suva finden konnte.

Es gab jedoch noch eine weitere Hürde. Die Männer der Expedition – also ich – mussten mit dem Dorfältesten Kava trinken. Kava ist ein berauschendes Getränk und wird aus den Wurzeln des Rauschpfeffers zubereitet, der auf den pazifischen Inseln heimisch ist. Die Stämme des Strauchs sehen aus wie fleischige, knotige Stöcke. Auf den Märkten und an den Straßenrändern der Insel werden große Bündel der Pflanze samt Wurzeln verkauft. Auf Vanuatu war ich bereits einmal in den Genuss gekommen, Kava trinken zu dürfen; dort hatte mich der damalige Premierminister Pater Walter Lini in einen *nakamal*, eine Trinkhütte, eingeladen.

Der *nakamal* war eine kleine Holzhütte mit Lehmboden, Holzbänken und einer Theke aus Zweigen, die an der Wand entlanglief. Der Kava wurde in Kokosschalen serviert, sah aus wie Spülwasser und schmeckte wenig besser. Ich zwang mich, zwei Schälchen hinunterzuwürgen. Danach überkam mich das Gefühl einer übernatürlichen Ruhe und geradezu kosmischen Allwissenheit. Aber als ich aufstehen wollte, stellte ich fest, dass sich meine Beine in Gummi verwandelt hatten und ich keine Beherrschung mehr über meinen Körper hatte.

Als sich meine Augen an die Dunkelheit der Hütte gewöhnt

hatten, sah ich, dass die langfristigen Auswirkungen des Kava-Genusses noch schlimmer waren. Auf den Bänken um mich herum saßen alte Männer mit schuppiger Haut, schlaffen Muskeln, blutunterlaufenen Augen und stierem Blick. Sie sahen aus, als wären sie einem alten Horrorfilm entsprungen, aber sie schienen sich zu amüsieren. Einige kamen von Pentecost, einer Insel, auf der eine Mutprobe praktiziert wird, von der das moderne Bungee-Springen kommt. Junge Männer binden sich Lianen an die Fußgelenke und springen von einer Plattform in die Tiefe; genau in dem Moment, in dem sie unten den Schlamm küssen, werden sie von der Liane wieder nach oben gezogen. Einer meiner Trinkkumpane beharrte darauf, er habe natürlich den Mut dazu, aber leider hindere ihn seine Höhenangst daran, es zu versuchen.

In Vanuatu werden zur Herstellung von Kava die Wurzeln in einem Mörser zerrieben und dann mit Wasser gemischt. Die Einnahme des Getränks im *nakamal* ist nicht mit Zeremonien verbunden, man schluckt das Zeug einfach mit einem Schluck hinunter, klatscht in die Hände und isst ein Stück Brot oder getrockneten Fisch. Anders auf Fidschi. Hier wird das Getränk traditionell von Frauen zubereitet, die die Wurzeln erst kauen und den Brei in eine große, reich verzierte Kava-Schüssel spucken. Von dort wird das Getränk in Kokosschalen gefüllt und nach einem Protokoll eingenommen, das es an Kompliziertheit mit der japanischen Teezeremonie aufnehmen kann. Das Dorf, das wir besuchten, war zufällig eines der traditionsreichsten des Inselstaats, und ich fragte mich, wie viel Kava-Brauchtum hier überlebt hatte.

Abgesehen von einem gewissen Unbehagen ob der örtlichen Herstellungsmethode fragte ich mich besorgt, was der Kava mit meinem Körper anstellen würde. Wie sollte ich unter dem Einfluss des Getränks arbeiten? Als wir im Dorf ankamen, wartete der Dorfälteste schon auf uns. Er nahm unser Geschenk entgegen, dann führte er uns in eine offene Hütte, in der das halbe Dorf versammelt schien und auf Matten auf dem Boden saß. Neben dem Häuptling stand die von zahllosen Zeremonien blank geriebene Kava-Schüssel, die mit einer gräulichen Flüssigkeit gefüllt war. Um die Schüssel hatte sich ein Kreis von Trinkern gebildet. Ich wurde aufgefordert, mich im Schneidersitz auf eine Matte in der Nähe des Häuptlings zu setzen, während dieser eine Ansprache auf Fidschi hielt. Die Zeremonie flößte mir derartigen Respekt ein, dass ich nicht zu fragen wagte, wie das Getränk hergestellt wurde oder was der Häuptling sagte.

Als mir die Kokosschale gereicht wurde, leerte ich sie pflichtschuldigst mit einem Schluck. Damit schien die Zeremonie zu Ende. Ich entknotete erleichtert meine Beine und wollte schon aufstehen, doch ich hielt inne, als der Häuptling etwas sagte und die versammelte Menge in Gelächter ausbrach. Offenbar mussten wir die Schüssel bis auf den Grund leeren, und es wäre unhöflich gewesen, jetzt die Flucht zu ergreifen. Ich weiß nicht wie, aber ich schaffte es, noch vier oder fünf weitere Schälchen zu kippen. Als ich schließlich aufstand, war ich überrascht, dass ich stehen und gehen konnte, ohne das Gefühl zu haben, ich sei auf dem Mond. Der Kava der Fidschis war offenbar deutlich harmloser als der von Vanuata. Ein Freund übersetzte mir übrigens später, was der Häuptling bei meinem ersten Fluchtversuch gesagt hatte: »Er haut ab, weil er Schiss hat, heute Nacht ins Bett zu pinkeln, wenn er zu viel Kava trinkt!«

Nachdem Fidschi im Jahr 1970 seine Unabhängigkeit von Großbritannien erhalten hatte, wurden die Inseln immer wieder von Militärputschen erschüttert. Später erfuhr ich, dass der Häuptling, der sich das Tafelservice gewünscht hatte, einer der Strippenzieher des ersten Putsches im Jahr 1987 gewesen war. Der Häuptlingsrat traf sich einmal im Jahr zu einer großen Zeremonie, doch als in den sechziger Jahren die Demokratie eingeführt wurde, schwand der Einfluss des Rats, und mit der Unabhängigkeit beschränkte sich seine Autorität auf die Ernennung von 8 der 22 Senatoren. Vermutlich aus Ärger über diesen Machtverlust unterstützten die Ratsmitglieder den Militärputsch Sitiveni Rabukas. Zur Belohnung wurde der Senat in eine Adelsversammlung umgewandelt und ausschließlich mit Häuptlingen besetzt. Doch der Rat zahlte einen hohen Preis für diesen Ausflug in die Politik. Fidschis erster Diktator, Frank Bainimarama, löste das Gremium im Jahr 2007 auf. Seine Autorität war durch die Berührung mit der Politik stark beschädigt worden. Heute wird Fidschi von einer Militärdiktatur beherrscht, der ersten im Pazifikraum.

Nachdem ich der Kava-Hütte entkommen war, bauten wir unsere Netze auf. Die Vegetation war so niedrig wie meine Erwartungen. Am nächsten Morgen fanden wir jedoch einige außergewöhnliche Flughunde in den Maschen. Sie waren dunkel olivfarben und waren nur an wenigen Körperteilen mit einem sehr kurzen Fell behaart. Vor allem ihre langen, kräftigen Beine und ihr langer, knorpeliger und an eine Ratte erinnernder Schwanz stachen mir ins Auge. Sie erinnerten mich an Spitzmäuse und wirkten wie ein Relikt der ersten Fledertiere, die sich in die Lüfte geschwungen hatten. Es waren Fidschi-Blumennasen, und unsere späteren DNA-Analysen ergaben, dass es sich in der Tat um primitive Angehörige der Familie der Flughunde handelte. Ihre Vorfahren waren wahrscheinlich vor vielen Jahrmillionen auf die Inseln gekommen, als sich die Flughunde gerade erst zu differenzieren begannen. Andernorts sind diese Tiere längst ausgestorben oder haben sich weiterentwickelt. Fidschi ist ein Refugium für dieses lebende Fossil.

Wir blieben eine Woche lang auf Viti Levu und erforschten die Hochebene von Monasavo, fanden aber keine interessanten Fledermausarten mehr. Einige Jahre später sollte ich mit Pavel German zurückkehren, um eine weitere Insel des Archipels zu untersuchen.

15

FIDSCHIS GARTEN

Pavel German ist vielleicht der fähigste autodidaktische Feldforscher und Fotograf, den ich je kennengelernt habe. Der gebürtige Russe hatte jahrelang als biologischer Sammler für den sowjetischen Staat gearbeitet. Dazu war er häufig in entlegene Regionen der Sowjetunion gereist, zum Beispiel den muslimischen Süden, wo die Infrastruktur einfach und das Leben billig war. Er erhielt sogar die Erlaubnis, Wälder rund um geheime militärische Stützpunkte und Produktionsanlagen zu betreten, und hatte so mehr von der Sowjetunion gesehen als die meisten anderen Menschen. Eine Reise durch diese Gegenden war schon gefährlich genug, aber Pavel, der zur Konservierung kanisterweise Alkohol bei sich hatte (der als Währung oft nützlicher war als Bargeld), war ein beliebtes Ziel von Räubern. Wenn er heute noch am Leben ist, dann verdankt er das nicht nur seiner Intelligenz und seinem Gespür, sondern auch seinem Talent als Boxer.

In den 1980er Jahren floh Pavel aus der Sowjetunion und kam schließlich nach Australien, wo er eine Anstellung im Taronga-Zoo von Sydney fand. Etwa zu der Zeit, zu der ich die Scott-Expeditionen plante, gab er diese Stelle jedoch auf, um sich der Fotografie zu widmen. Pavel hatte große Erfahrung darin, unter schwierigsten Umständen zu arbeiten, und sein fotografisches Können erwies sich als ungemein wertvoll für uns. Bis heute ist er der Einzige, der einige der seltensten und unbekanntesten Geschöpfe der melanesischen Tierwelt fotografiert hat.

Dank seiner Erfahrung in der Sowjetunion hatte Pavel keine

Schwierigkeiten, in Melanesien Arbeit zu finden. Auch wo seine Sprachkenntnisse nicht ausreichten, stellte er schnell eine Verbindung zu den Menschen her, und wohin er ging, war er bei den Einheimischen beliebt. Nach einem strapaziösen Marsch überraschte er sie zum Beispiel damit, dass er schnell hintereinander weg drei Kokosnüsse leer trank, und die Kinder wetteiferten darum, auf die Palmen zu klettern, um mehr zu schlagen und zu sehen, wie viele Nüsse dieser geheimnisvolle Fremde wegputzen konnte. Abends gab er Geschichten aus Russland und Australien zum Besten und verblüffte die Dorfbewohner, indem er sämtliche jungen Männer beim Armdrücken niederrang. Selbst sein lautes Schnarchen, das mich auf unseren Reisen gelegentlich zur Verzweiflung trieb, faszinierte die Dorfbewohner.

Taveuni ist der Garten der Fidschi-Inseln. Die drittgrößte Insel des Archipels ist von üppigen grünen Wäldern bedeckt und bislang von Geißeln wie dem eingeschleppten Mungo verschont worden. Daher ist Taveuni die einzige Insel, auf der alle sechs Fledermausarten der Fidschis überlebt haben. Im Jahr 1990 reisten Pavel und ich auf die Insel, um den Des Voeux Peak, den zweithöchsten Berg der Insel, zu erforschen. Die Artenvielfalt des Berges ist legendär. Unter anderem wächst dort eine Schlingpflanze, die auf den Inseln als *tagimaucia* (*Medinilla waterhousei*) bekannt ist und als »Fidschis ganzer Stolz« beschrieben wurde.[23] Ihre scharlachroten und weißen Blüten stechen wie Leuchttürme aus dem grünen Meer des Gipfels heraus und sind weithin zu sehen. Auf dem Des Voeux Peak lebt auch einer der ungewöhnlichsten Vögel der Fidschis, die Lamprolie. Dieser kleine, leuchtende Vogel bildet eine eigene Familie; er hat sich offensichtlich über einen langen Zeitraum hinweg in Isolation entwickelt, was darauf schließen lässt, dass seine Vorfahren schon vor vielen Jahrmillionen auf die Inseln gekommen sein müssen. Früher galt er als entfernter Verwandter der Paradiesvögel, aber inzwischen sieht ihn die

Wissenschaft eher in der Nähe der Monarchen. Die Art kommt nur auf Taveuni und einer Nachbarinsel von Vanua Levu vor und lässt sich auf dem Des Voeux Peak am besten beobachten. Dieses lebende Juwel wollte ich unbedingt sehen.

Wir flogen auf die Insel und schlugen unser Hauptquartier im Dorf Somosomo auf. Dort gab es ein einfaches Gasthaus, und da es an einer Straße lag, die zum Berg führte, war es ein idealer Ausgangspunkt für unsere Expedition. Das Dorf war die Heimat der alten Könige von Somosomo und hatte eine schillernde Vergangenheit. Es war das Machtzentrum von Taveuni und der umliegenden Inseln gewesen, und seine Einwohner waren derart für ihre Wildheit berüchtigt, dass ihr Ruf sogar den übrigen Bewohnern des Archipels das Blut in den Adern gerinnen ließ. Ein früher Missionar schrieb: »Selbst auf den anderen Inseln heißt es, Somosomo sei die Heimat furchtbarer Menschenfresser.«[24] Ausgerechnet hier wurde eine der ersten Missionsstationen der Fidschis gegründet.

Die methodistischen Missionare, die im Jahr 1839 eintrafen, waren vom Sohn des Königs eingeladen worden. Sie hätten sich eigentlich denken können, dass es dem jungen Mann weniger um Erlösung ging, denn er sagte ihnen: »Da eure Musketen und euer Pulver wahr sind, muss auch eure Religion wahr sein.«[25] James Calvert, der Chronist der ersten Missionare auf den Fidschis, berichtet, kaum hätten sich die Methodisten und ihre Familien in Somosomo niedergelassen, hätten sie »ungefiltert sämtliche Schrecknisse des Lebens auf Fidschi« erlebt.[26]

Das Missionierungsprojekt erwischte einen denkbar ungünstigen Start. Wenige Wochen nach der Ankunft der Missionare erlitt der Lieblingssohn von König Tuithaku Schiffbruch und wurde von einem feindlichen Stamm gegessen. Die Dorfbewohner munkelten, das schreckliche Unglück sei eine Strafe dafür, dass die Königsfamilie die Missionare aufgenommen hatte, und das Verhältnis kühlte sich sofort ab. Doch es kam noch schlimmer. Nach den Bräuchen des Dorfes sollten einige der Frauen des Prinzen getötet werden, um ihrem Gemahl im Jenseits Gesellschaft leisten zu können. Als die Missionare das hörten, flehten sie den trauernden König an, die Frauen zu verschonen. Doch aus Zorn über diese Anmaßung erhöhte dieser die Zahl der zu tötenden Frauen auf sechzehn und befahl, sie direkt vor der Tür der Missionare zu bestatten.

Wenn ich einer der Missionare gewesen wäre, hätte ich vermutlich spätestens an diesem Punkt meine Sachen gepackt. Doch sie waren aus härterem Holz geschnitzt als ich: Sie hielten durch und verbarrikadierten sich in ihrer Palmhütte. Leider befanden sich die rituellen Öfen des Dorfes direkt vor ihrem Fenster. Um den Anblick der dauernden Gemetzel und den Rauch der Kochstellen nicht ertragen zu müssen, waren sie gezwungen, ihre Fensterläden geschlossen zu halten und in der dunklen, stickigen Hütte zu hocken. Wir können uns kaum ausmalen, was die Männer, Frauen und Kinder im schwülen Dunkel empfunden haben mögen, während um sie herum die in ihren Augen gottlosen Orgien stattfanden. Es würde mich nicht wundern, wenn sie sich gefragt hätten, ob sie als Nächstes an der Reihe waren.

Die wackeren Missionare schöpften Hoffnung, als ein junger Häuptling erkrankte und von einem Priester geheilt wurde. Der Häuptling war ein kräftiger Bursche, »anderthalb Köpfe größer als ich, dreimal so schwer, und mit der Kraft eines Riesen«, so ein Europäer, der ihn gemessen hatte. Doch die Dankbarkeitsbekundungen des Häuptlings stürzten die Missionarsfamilie in neue Verwirrung. Als er nackt in der Mission erschien, um sich für seine Genesung zu bedanken, »wurde Mrs Brooks vom bloßen Anblick in Angst und Schrecken versetzt«. Aus dem Schrecken wurde Hysterie, als der nackte Riese ihren sieben Wochen alten Sohn hochhob »und ihm seine große Zunge in den Mund steckte«. Im

Jahr 1847 ergriffen die Missionare die Flucht und überließen Somosomo seinen Bräuchen.

Ein gewisser Thomas Williams, der die belagerte Missionsstation Mitte 1845 besuchte, veröffentlichte einen lebhaften Bericht über das Leben in Somosomo. Der alte König Tuithaku war inzwischen gebrechlich und krank, und Williams besuchte ihn mehrmals. Da er von den Bestattungsritualen der Fidschis gehört hatte, war er erleichtert, als sich der alte Mann zusehends erholte. Umso überraschter war er, als er am 24. August erfuhr, der König sei gestorben und es würden Vorbereitungen getroffen, um seine Frauen zu strangulieren. Williams eilte zur Hütte des Königs, um die Frauen zu retten, doch als er eintraf, war das Ritual bereits in vollem Gange. Er schrieb:

Mir bot sich eine erschütternde Szene. Ich sah mich umringt von Dutzenden Mördern, die ihre Opfer töteten. Dabei herrschte nicht die geringste Unordnung, und mit Ausnahme einiger Worte des Vorstehenden war kein Laut zu vernehmen. Es war eine unnatürliche, schreckliche Stille … Ich traf in einem Moment der Stille ein, just in der Krise des Todes …

In der Mitte des großen Raumes befanden sich zwei Gruppen, über deren Absichten kein Zweifel bestehen konnte. Sie saßen auf dem Boden, und in der Mitte jeder Gruppe hockte eine verschleierte Person, die von ein paar Frauen gehalten wurde. Zu jeder Seite der verschleierten Person standen acht oder zehn starke Männer, jede der beiden Gruppen zog am Ende eines dicken Seils. Das Seil war zweimal um den Hals des Opfers gelegt, das auf diese Weise binnen weniger Minuten sein Leben aushauchte.

Als ich die Fassung wiedererlangte, kam Bewegung in die Gruppe, die weiter von mir entfernt war. Die Männer lockerten das Seil, die Frauen hoben den Schleier an und betteten das Opfer darauf. Als der Schleier gelüftet wurde, blickten einige der beteiligten Männer in das verzerrte Gesicht ihrer Mutter, an deren Ermordung sie beteiligt gewesen waren, und lächelten zufrieden, als die Tote aufgebahrt wurde. Die Zuckungen des armen Wesens verrieten mir, dass sie noch am Leben war. Sie war eine kräftige Frau, und ihre Henker baten einige der Umstehenden, sich zu erbarmen und ihnen zu helfen. Schließlich sagten die Frauen: »Sie ist kalt.« Das Seil fiel, und als der Schleier vollends gelüftet wurde, sah ich die gehorsame Frau und unermüdliche Gefährtin des Königs tot auf der Erde liegen. Während die Frauen ihre Haare richteten, ihren Körper mit Öl einrieben, ihr Gesicht mit Zinnober bedeckten und sie mit Blumen schmückten, ging ich weiter, um die Überreste des verstorbenen Tuithaku zu sehen.[27]

Als Williams jedoch an das königliche Totenlager trat, sah er zu seinem Erstaunen, dass der alte Mann zwar ein wenig geschwächt, aber offensichtlich noch am Leben war. Verwundert ging er auf den Sohn des Königs zu. »Dieser schien bewegt, umarmte mich, und ehe ich sprechen konnte, sagte er: ›Schau, unser Vater ist tot. Sein Geist ist gegangen. Der Körper bewegt sich noch, aber er hat kein Bewusstsein mehr.‹«[28]

Williams stand vor einem schrecklichen Dilemma. Sollte er versuchen, die verbleibenden Frauen zu retten, und zulassen, dass der alte König bei lebendigem Leib begraben wurde, oder sollte er dem Sohn klarmachen, dass der Vater nicht tot war, und das Risiko eingehen, dass er später doch noch starb und in seiner Abwesenheit weitere Frauen getötet wurden? Widerwillig entschloss sich Williams, sich nicht auf Diskussionen über den Gesundheitszustand des Königs einzulassen und stattdessen um das Leben

der Frau zu bitten. Aus Respekt für den europäischen Gast wurde
der Wunsch gewährt, auch wenn nicht alle mit dieser Entscheidung zufrieden waren. »Warum werde ich nicht getötet?«, klagte
eine Frau und ließ sich nur durch die erfundene Erklärung trös-
ten, keiner der Anwesenden sei vornehm genug, um sie töten zu
dürfen.[29]

Nach diesem Erlebnis brachte es Williams nicht über sich, an
der Bestattung des Königs teilzunehmen. Ein Beobachter berichtete ihm jedoch, man habe den König husten gehört, »nachdem
schon eine beträchtliche Menge Erde in das Grab geworfen worden war«.[30]

Als ich im einsamen Gasthaus von Somosomo saß und Pavel
beim Schein der Kerosinlampe die Geschichten aus der Vergangenheit von Taveuni vorlas, überkam mich eine Gänsehaut. In der
Nacht schreckten mich Träume von blutigen Gemetzeln aus dem
Schlaf. Die Orgien, Ermordungen und Begräbnisse bei lebendigem
Leib hatten hier in Somosomo stattgefunden, genau dem Ort, an
dem wir eben ein kühles Bier und ein Abendessen genossen hatten. Ich fragte mich, ob sich die Hütte des Königs ganz in der
Nähe befunden hatte, denn schließlich befanden wir uns im Zentrum von Somosomo. Die von Williams beschriebenen Szenen
lagen 150 Jahre oder zwei Menschenleben zurück, doch sie schienen erschreckend nah.

Pavel und ich hatten eine Woche auf Taveuni eingeplant,
dann wollte ich allein weiter nach Neukaledonien fliegen. Eine
Pflasterstraße führt zum Gipfel von Des Voeux Peak, dem mit
1190 Metern zweithöchsten Berg von Taveuni. Diese Straße, die
zu einem Funkturm führt, ist in Melanesien ein seltener Luxus.
Mit unserem Mietwagen erreichten wir den Gipfel in weniger als
einer Stunde. Auf unseren Fahrten jeden Abend und jeden Morgen sahen wir Szenen, die uns an eine frühere Epoche erinnerten.
Eines Morgens trafen wir einen Mann auf einem Pferd; er hätte

ein lebendes Abbild des Riesen sein können, der dem Kind von Mrs Brooke die Zunge in den Mund steckte, und saß stolz auf seinem Pferd wie ein Krieger von einst. Er sei auf Schweinejagd, erklärte er uns. In der Hand trug er eine Holzlanze mit einer Eisenspitze, die einen Ritter mit Stolz erfüllt hätte.

Bis zum ersten Abend hatten wir zwischen einer Höhe von 880 Metern und dem Gipfel zehn Netze aufgehängt. Wir suchten erneut nach einem Affengesicht-Flughund. Diese Art, das Fidschi-Affengesicht, war 1978 zum ersten Mal wissenschaftlich beschrieben worden und war der einzige Affengesicht-Flughund außerhalb der Salomonen. Es war außerdem das einzige endemische Säugetier der Fidschis. Bislang waren nur zwei Exemplare gefangen worden. Wir wollten versuchen, etwas über Lebensraum, Evolution, Verteilung und Häufigkeit des Tiers herauszufinden. Auf Des Voeux Peak fallen mehr Niederschläge als irgendwo sonst auf der Inselgruppe. Es ist ein ausgesprochen nebliger Ort, der Gipfel oberhalb von 900 Metern scheint dauernd von Wolken verhangen. Daher hat sich hier eine einmalige Vegetation entwickelt. Die größten Pflanzen sind Palmen, Ingwersträucher und Kräuter, daneben wuchern hier zarte Flechten, Moose und Farne. Es wirkte ganz wie ein unberührtes Märchenland.

Die Illusion der jungfräulichen Natur löste sich jedoch in Luft auf, als wir den Gipfel erreichten. Als wir am Abend zurückkehrten, sahen wir, dass der Funkturm ständig von riesigen Scheinwerfern angestrahlt wurde, die zahllose Insekten anlockten. Irgendwie hatten es die Aga-Kröten geschafft, selbst an diesen entlegenen Ort zu kommen, und auf dem Boden wimmelte es nur so von diesen riesigen, hässlichen Kreaturen.

Während unserer wenigen Tage auf dem Berg fanden wir keinerlei Hinweis auf einen Affengesicht-Flughund. Wir fanden allerdings ein paar Fidschi-Flughunde, die auch nicht uninteressant waren. An unserem letzten Morgen auf Taveuni war es eisig, und wir gingen die Netze im Regen ab. Wieder fanden wir nur ein paar Flughunde. Ich war enttäuscht. Als mich Pavel zum Flughafen brachte, gingen mir ein paar unerfreuliche Möglichkeiten durch den Kopf. Vielleicht war das Fidschi-Affengesicht bereits ausgestorben oder so selten, dass es kurz davorstand. Sein Lebensraum war schließlich winzig und beschränkte sich auf ein paar Dutzend Quadratkilometer in den Höhenlagen von Taveuni. Es gab jedoch noch einen winzigen Funken Hoffnung. Pavel wollte noch ein paar Tage länger in Somosomo bleiben und die Suche fortsetzen.

Zu meiner Freude fing er nach meinem Abschied nicht nur eines der gesuchten Tiere, sondern gleich drei. Vielleicht war ein Wetterumschwung für den Erfolg verantwortlich, denn die folgenden Nächte waren neblig, und diese Bedingungen scheinen die seltensten Fledermäuse zu begünstigen. Alle Fidschi-Affengesichter gingen oberhalb von 1000 Metern Höhe ins Netz, was darauf hindeutete, dass sich ihr Lebensraum auf die Gipfelregionen der Berge beschränkt. Pavel gelang eine Reihe außergewöhnlicher Aufnahmen, die ersten, die je von der Art gemacht wurden. Wie bei anderen Affengesicht-Flughunden treffen auch bei dieser Art die Flügel in der Mitte des Rückens zusammen, was ihnen erhebliche Kraft verleiht und ihnen möglicherweise sogar ermöglicht, rückwärts zu fliegen. Im dichten Geäst und Nebel ihres Lebensraums sind dies unschätzbare Eigenschaften. Wir nahmen an, dass diese ihnen auch einen Vorteil gegenüber den Flughunden verschafften, denn die fanden wir nach nebligen Nächten nie in unseren Netzen.

Pavels Aufzeichnungen lassen auf ungewöhnliche biologische Eigenschaften schließen. Die Weibchen der Fidschi-Affengesichter hatten winzige Zitzen, und wenn sie berührt wurden, spritzte die Milch kräftig heraus. Die meisten Flughunde, darunter auch andere Affengesichter, haben deutliche größere Zitzen, an die sich die Neugeborenen während des Flugs klammern. Einige Arten haben zu diesem Zweck sogar falsche Zitzen in der Leistengegend, um den Weibchen beim Flug größere Bewegungsfreiheit zu geben. Die Zitzen der Fidschi-Affengesichter waren zu klein, als dass sich Junge daran festhalten könnten, weshalb wir annahmen, dass die Weibchen ihren Nachwuchs während der Nahrungssuche in einem sicheren Versteck, zum Beispiel in einer Baumhöhle, zurücklassen. Wie die Jungen allerdings unter den kühlen Bedingungen auf dem Des Voeux Peak warm bleiben sollten, war uns ein Rätsel.

Pavels Aufnahmen zeigen eine Fledermaus, deren Ohren so klein sind, dass sie vollkommen im silbrigen Fell des Kopfs verschwinden. Die Augen leuchten wie orangefarbene Juwelen, und die Schnauze ist kurz und kräftig. Männchen und Weibchen sind unterschiedlich gefärbt: Der Rücken des Weibchens ist khakifarben, der des Männchens golden. Bei Fledermäusen sind solche Geschlechterunterschiede eine Seltenheit. Nach allem, was wir über die Fortpflanzung und das Verhalten der Takis wissen, lassen die Farbunterschiede auf ein komplexes und ungewöhnliches Sozialleben schließen, doch Genaues wissen wir bis heute nicht.

Dank Pavels Arbeit wurde das Fidschi-Affengesicht in die Rote Liste der IUCN aufgenommen und als eine vom Aussterben bedrohte Art anerkannt. Weitere Untersuchungen sind im Gange, und wir hoffen, dass sie zu wirkungsvollen Artenschutzmaßnahmen führen. Die größte Gefahr geht jedoch zweifelsohne vom Klimawandel aus, denn die Berggipfel des gesamten Planeten erwärmen sich und ihre an die Kälte angepassten Ökosysteme schrumpfen. Da sich dieser Gefahr nur schwer begegnen lässt, können wir vermutlich nichts tun, als die Art zu beobachten.

Pavels Arbeit erbrachte ein weiteres wichtiges Ergebnis. Seine DNA-Proben des Fidschi-Affengesichts ergaben, dass es lediglich ein entfernter Verwandter der Affengesicht-Flughunde der Salomonen ist. Es kann durchaus sein, dass sie ihre gemeinsamen Eigenschaften – die zusammengewachsenen Flügel, die komplexen Zähne und die robuste Schnauze – unabhängig voneinander entwickelten. Sollte dies der Fall sein, würde es sich um einen besonderen Fall der Parallelevolution handeln, genau wie die Evolution von Wolf und Beutelwolf. Diese Entdeckung veranlasste Kris Helgen, die Fidschi-Affengesichter neu zu klassifizieren, aus der Gattung der *Pteralopex* herauszunehmen und eine neue zu schaffen: *Mirimiri*, das Fidschi-Wort für Nebel.

16

NOUVELLE CALÉDONIE

Von Taveuni flog ich nach Suva und von dort weiter zum Flugplatz Tontouta auf Neukaledonien. Die Insel hat mich schon immer neugierig gemacht. Es handelt sich um ein Bruchstück des Urkontinents Gondwana, das vor 90 Millionen Jahren von der australischen Ostküste abbrach und seither isoliert war. Viele der hier vorkommenden Arten gehen auf diese ferne Zeit zurück, weshalb die Insel eine Arche voller Lebensformen ist, die andernorts mit den Dinosauriern verschwanden. Mich interessierten jedoch vor allem die acht bekannten Säugetierarten, was angesichts der Größe und des Alters der Insel ausgesprochen wenig ist. Ich fragte mich, ob es vielleicht einen noch nicht entdeckten Affengesicht-Flughund geben könnte. Die Suche nach diesem Tier sollte harte Arbeit und viel Kletterei erfordern.

Begleitet wurde ich diesmal von Alexandra Szalay, die in der Anthropologie-Abteilung des Australischen Museums gearbeitet hatte, ehe sie in die Säugetierabteilung wechselte. Ihr Wissen um die melanesischen Kulturen und deren Umgang mit natürlichen Ressourcen war genauso unschätzbar wie ihre Erfahrung als Kuratorin, mit der sie dafür sorgte, dass die gesammelten Exemplare rasch und korrekt katalogisiert wurden. Lange nach unserem gemeinsamen Ausflug nach Neukaledonien sollten wir heiraten.

Wir hatten nicht bedacht, dass unsere Ankunft auf Mariä Himmelfahrt fiel, und mussten feststellen, dass dieses Datum für die Caldoche, wie die Bewohner von Neukaledonien genannt werden, ein besonderes Fest ist. Die Beamten von Noumea, bei denen wir unsere Genehmigungen einholen mussten, hatten Urlaub. Deshalb mussten wir im Ort bleiben, bis die Behörden wieder öffneten, was teuer und frustrierend war. Zum Glück hatten wir uns schon vorab einen Sammelschein besorgt und konnten an Orten rund um die Stadt forschen. Der Interessanteste war Mont Koghi, ein bewaldeter Hügel kurz hinter den Außenbezirken von Noumea.

Die Arbeit auf Neukaledonien unterscheidet sich erheblich von der auf anderen melanesischen Inseln. Es gibt überall befestigte Straßen und gutes Essen. Trotzdem waren wir überrascht, dass eine Straße direkt bis an den Wald von Mont Koghi führte und hundert Meter vom Waldrand entfernt ein Café *petits fours* und ausgezeichneten Kaffee servierte. Im Nieselregen spannten wir die Netze auf, und am späten Nachmittag machten wir es uns im Café gemütlich. Zum ersten Mal hatte ich als Säugetierforscher ein ähnlich gemütliches Leben wie die Vogelkundler.

Ich ging nicht davon aus, dass wir an einem derart leicht zugänglichen Ort einen interessanten Fund machen würden. Das Café schloss, und mit Einbruch der Dunkelheit spazierten wir zu unseren Netzen. Wir fanden zwei kleine Fledermäuse, in deren Fell feine Nebeltröpfchen glitzerten. Sie hatten riesige, gefaltete Ohren und an der Nasenspitze ein kleines, blattartiges Hautgebilde. Die Bestimmung war nicht weiter schwer: Es handelte sich um einen Angehörigen der Gruppe der Australischen Langohrfledermaus, eine Art, deren Existenz auf Neukaledonien bislang nicht bekannt war. Begeistert steckten wir die Fledermäuse in einen Leinensack, sammelten die Netze ein und machten uns auf den Rückweg nach Noumea, um dort auf unseren Erfolg anzustoßen.

Die verschiedenen Arten der Australischen Langohrfledermaus sind extrem schwer auseinanderzuhalten, aber zum Glück war einer der Mitarbeiter der Scott-Stiftung die bedeutendste Koryphäe auf diesem Gebiet. Dr. Harry Parnaby hatte seine Doktorarbeit über die Gruppe geschrieben; er sollte später die Exemplare, die wir auf Neukaledonien gefunden hatten, einer neuen Art zuordnen, die er *Nyctophilus nebulosus* nannte. Der Name bezieht sich auf die nebulösen Unterschiede zwischen den verschiedenen Arten von Langohrfledermäusen, die anhand von Genanalysen jedoch eindeutig als eigenständige Arten zu erkennen sind. Harry kam zu dem Schluss, dass es sich um eine nahe Verwandte einer australischen Art handelte, die es vermutlich vor weniger als einer Million Jahren nach Neukaledonien verschlagen haben musste. Vor unserer Entdeckung hatte die Säugetierfauna aus gerade einmal acht Arten bestanden. Dass wir eine weitere Art hinzufügen konnten, war ein befriedigendes Gefühl.

Auf der Rückfahrt nach Noumea entdeckte Alex auf der Straße etwas, das aussah wie ein kleiner Dinosaurier. Das Tier war ungefähr so groß wie meine Hand, stand hoch auf seinen Beinen und hatte zwei kleine, stumpfe Hörner am Hinterkopf. Es war ein Höckerkopfgecko, und es schien ihn nicht weiter zu stören, dass wir anhielten und ihn aufhoben. Erst später erfuhr ich, dass die Art einen kräftigen Biss hat und durchaus in der Lage ist, andere Eidechsen zu töten und zu fressen. Aber dieser ließ sich geduldig in die Hand nehmen, begutachten und fotografieren.

Die Riesengeckos Neukaledoniens sind ausgesprochen vielfältig. Hier lebt auch die größte überlebende Gecko-Art der Welt, der Neukaledonische Riesengecko, der so lang werden kann wie ein menschlicher Unterarm und fast so dick. Die Riesengeckos leben schon lange auf Neukaledonien, vielleicht schon seit der Abtrennung der Insel vom Festland. Auf einer Insel, auf der es kaum konkurrierende Arten gibt, besetzten sie zahlreiche biologische Nischen. Die größten Arten ernähren sich von Früchten und nehmen den Platz ein, den andernorts Possums und Affen innehaben.

Kleinere, aber nicht weniger eindrucksvolle Arten wie Jean-Claude Gecko, wie Alex unseren neuen Freund nannte, treten an die Stelle von Fleischfressern wie Mardern und Beutelmardern.

Als die Feiertage um Mariä Himmelfahrt gar kein Ende nehmen wollten, wurde uns klar, dass es eine Weile dauern würde, ehe wir mit unserer Arbeit beginnen konnten. Also sahen wir uns nach Freizeitbeschäftigungen um. Oben auf unserer Liste stand ein Besuch im Parc Forestier, einem botanischen Garten mit der einmaligen Flora der Insel und einem kleinen Zoo. Es war ein beeindruckendes Erlebnis, durch einen Wald mit uralten Nadelbäumen und anderen Pflanzen zu schlendern, die im Rest der Welt schon vor Jahrmillionen ausgestorben sind, und ich konnte es gar nicht abwarten, sie in der freien Natur zu sehen.

Im Zoo konnten wir auch einen Teil der einmaligen Fauna der Insel bewundern, darunter den merkwürdigen Kagu. Dieser große, hellgraue Waldvogel bildet eine eigene Familie, seine nächsten Verwandten sind die Sonnenralle aus Südamerika und der ausgestorbene Aptornis aus Neuseeland. Er ist ein Beispiel für eine Art, die aus der anderen Richtung nach Neukaledonien kam, nämlich aus Südamerika. Diesen weiten Weg über den Pazifik haben nur wenige Arten geschafft, darunter die Vorfahren der Neuseelandfledermäuse und die Iguanas der Fidschis. Diese Reisenden sind wahrhaft uralte Einwanderer und müssen vor zig Millionen Jahren angekommen sein. Der Kagu und die Neuseelandfledermäuse sind schon so lange auf ihren jeweiligen Inseln zu Hause, dass sie als eigene Familien klassifiziert werden. Es ist unklar, warum nur so wenige Arten aus Südamerika kamen und warum vor so langer Zeit, doch der Grund könnte sein, dass die damaligen Winde und Strömungen die lange Überfahrt über den Pazifik begünstigten.

Ich hätte zu gern einen Kagu in freier Wildbahn gesehen, doch die Vögel waren so selten, dass dies unwahrscheinlich war. Mit großem Interesse betrachtete ich das Pärchen im Parc Forestier. Der beinahe flugunfähige, fleischfressende Vogel hat große Augen und einen kräftigen Schnabel. Aber das Auffälligste sind seine herabhängenden Schopffedern und die leuchtende Zeichnung unter den Flügeln. Vermutlich verwendet er diese Federn zur Balz, um potentielle Partner oder Konkurrenten zu beeindrucken.

Viele Aspekte der Biologie des Kagu sind nach wie vor ungeklärt. Warum hat er beispielsweise zwei Drittel weniger rote Blutkörperchen als alle anderen Vogelarten, und warum sind seine roten Blutkörperchen in der Lage, dreimal so viel Sauerstoff zu transportieren? Warum kann er als einziger Vogel seine Nasenöffnungen mit einer Klappe verschließen? Der Kagu ist inzwischen so selten, dass es schwer ist, etwas über ihn in Erfahrung zu bringen, doch sein Brutverhalten verrät, warum ihm die Invasion der Europäer derart zugesetzt hat. Kagus leben monogam, die Weibchen legen ein einziges Ei auf dem Waldboden ab und unternehmen keinerlei Anstrengungen, es zu verstecken. Obwohl die Jungen des Vorjahres bleiben, um beim Schutz und der Aufzucht des neuen Nachwuchses zu helfen, ist ein Ei oder Küken ein leicht zu erbeutender und unwiderstehlicher Leckerbissen für jede Katze oder Ratte. Und so kam es, dass der Kagu auf der Liste der vom Aussterben bedrohten Tierarten steht.

Auch Mariä Himmelfahrt findet einmal ein Ende. Ermuntert durch unseren Erfolg am Mont Koghi machten wir uns schließlich auf, um herauszufinden, was entlegenere Teile der Insel zu bieten hatten. Ein Kollege aus dem Forstwirtschaftsministerium hatte uns als Standort ein Waldlager in der Nähe eines Ortes namens Col d'Amieu vorgeschlagen. Es lag auf einer Höhe von 400 Metern im Zentrum der Insel und war ein guter Ausgangspunkt für unsere Untersuchungen in den Wäldern mittlerer Höhenlagen.

Verglichen mit dem Komfort des Hotels in Noumea war das Waldlager spartanisch. Wir schliefen auf mit Holzwolle gefüllten

Matratzen auf dem Fußboden einer roh zusammengezimmerten Holzhütte. Neben der Hütte war ein Plumpsklo, und außer unserem Campingkocher gab es keine Kochgelegenheit. Aber sie lag in einem idyllischen Wald, die Luft war kühl und frisch. Nachdem wir unsere Netze aufgestellt hatten, was wegen des schwierigen Geländes etwas anstrengender war als am Mont Koghi, legten wir uns kurz nach Sonnenuntergang schlafen.

Lange vor Sonnenaufgang wurden wir von metallischem Klirren, dem Knirschen von Leder und dem leisen Schnauben von Pferden geweckt. Ich war zunächst nicht sicher, ob ich träumte oder wach war. Erst als ich den Duft von gebrutzelten Würstchen, gebratenen Eiern und frisch gebrühtem Kaffee in der Nase spürte, wurde mir klar, dass wir Besuch hatten. Vorsichtig öffnete ich die Tür der Hütte und sah eine Truppe von Gendarmen unter dem Vordach. Sie trugen elegante, graue, wenngleich etwas schmutzige Uniformen und gehörten einem Kavallerieregiment an; die Pferde standen ruhig in der Nähe. Während sie im Dunkel um das Feuer standen, sahen sie aus wie Soldaten aus den amerikanischen Südstaaten. Doch mit Ausnahme des Offiziers waren alle schwarzhäutige Kanaken, die melanesischen Ureinwohner Neukaledoniens.

Als ich mich zu ihnen gesellte, erklärten sie mir, sie seien auf der Suche nach Rebellen. Zum Zeitpunkt unseres Besuchs befand sich Neukaledonien noch immer unter kolonialer Herrschaft, und in den Augen vieler Kanaken bewegte sich die Insel nur in Zeitlupe in Richtung Unabhängigkeit. Die Kanaken stellen heute etwas weniger als die Hälfte der Bevölkerung, und vor dem Matignon-Abkommen, das 1988 ausgehandelt wurde, befanden sich einige in offenem Widerstand.

Die blutigen Ereignisse der 1980er Jahre waren nur die letzten Ausläufer eines Konflikts, der schon mit der französischen Kolonisierung begonnen hatte. Im Jahr 1878 hatten die Kanaken versucht, die Franzosen von der Insel zu vertreiben. Dabei wurden etwa tausend Ureinwohner getötet, doch das hinderte sie nicht daran, sich 1917 noch einmal zu erheben oder in den 1970er Jahren eine Unabhängigkeitsbewegung ins Leben zu rufen. Ende 1984 hatten die Rebellen eine Befreiungsarmee gegründet und eine vorläufige Regierung ausgerufen. In Reaktion darauf töteten die Caldoche zehn Führer der Kanaken. Im Mai 1988 flammte die Gewalt erneut auf, als die Kanaken französische Gendarmen entführten und auf der Loyalty-Insel Ouvéa als Geiseln hielten. Bei einem Befreiungsversuch wurden 19 Ureinwohner getötet – einige erst nach ihrer Gefangennahme durch die Franzosen. Zwei Jahre später schienen sich also noch immer Rebellen in den zerklüfteten Bergen Neukaledoniens zu verstecken.

Ich hoffte, dass wir bei unserer Expedition auf Neukaledonien einen Affengesicht-Flughund finden würden. Die Insel hat schließlich zahlreiche hohe Berge und ist nicht allzu weit von den Fidschis und Salomonen entfernt. Stattdessen fanden wir in unseren Netzen einen kleinen Flughund, von dem bis in die 1960er Jahre nur zwei Exemplare bekannt gewesen waren. Der Neukaledonische Flughund ist ein kleines, anthrazitfarbenes Tier, das wie die Affengesichter kleine, fast im Fell versteckte Ohren und mehrhöckrige Zähne hat. Genetische Untersuchungen haben gezeigt, dass der Neukaledonische Flughund kein naher Verwandter der Affengesichter ist; vielmehr scheint er einen bestimmten Moment in der Evolution zu verkörpern, an dem sich die Gattung von ihren Vorfahren abspaltete und ihre besonderen Merkmale entwickelte.

Da ich wegen der Feiertage nicht dazu gekommen war, Formaldehyd zur Konservierung der Exemplare zu kaufen, musste ich nun welches besorgen. Nördlich von Noumea befindet sich die kleine Ortschaft Bourail, und ich war erleichtert, als ich dort eine geöffnete Apotheke fand. Die einzige Schwierigkeit war mein mangelhaftes Französisch. Da ich nicht bereit war, mich von solchen Kleinigkeiten aufhalten zu lassen, trat ich an die Ladentheke, hinter der eine ernst dreinblickende Apothekerin in weißem Kittel stand, und fragte: »*Avez vous le préservatif?*« *Préservatif* ist eines dieser französischen Wörter, die offenbar nur erfunden wurden, um englischsprechende Zoologen aufs Glatteis zu führen. Ein *préservatif* ist nämlich kein Konservierungsmittel, wie man als Australier meinen könnte, sondern ein Kondom.

Die Apothekerin hantierte ein wenig unter der Theke herum und reichte mir schließlich eine kleine braune Papiertüte. Da ich dachte, sie wollte mich mit ein paar Tropfen Formaldehyd abspeisen, während ich mindestens einen halben Liter benötigte, erklärte ich ihr in meinem grauenhaften Französisch: »*Non, plus grand. Un demi-litre.*« Die Apothekerin errötete bis unter die Haarwurzeln und sah mich reglos an. Das verwirrte wiederum mich, doch da mir inzwischen schwante, dass es mehrere Sorten *préservatif* geben könnte, fügte ich erklärend hinzu: »*Avez vous le préservatif pour les animaux morts?*«

Aufgrund meiner rudimentären Französischkenntnisse ahnte ich nicht, dass ich gerade ein Kondom für tote Tiere verlangt hatte, weshalb mich die Explosion der Apothekerin auf dem falschen Fuß erwischte. Die Papiertüte flog durch die Luft, als sie mit den Händen herumfuchtelte, um diesen Perversling aus ihrer Apotheke zu jagen. Inzwischen hatte sich eine kleine Menschenmenge versammelt, darunter ein älterer Herr. Er trat auf mich zu und fragte mich in holprigem Englisch, was ich wollte. »*Ah, le formol*«, sagte er mit einem freundlichen Lächeln, und schon bald hatte ich eine Flasche des wertvollen *préservatifs* in der Hand.

Es gehört zu meinen Schwächen, dass ich meine Grenzen nicht kenne. Wir hatten einige Serpentinen vor uns, weshalb ich es für ratsam hielt, ein paar Tabletten gegen Reisekrankheit im Gepäck zu haben. Ich wandte mich also noch einmal an die ohnehin schon traumatisierte Apothekerin und radebrechte in meinem besten Französisch: »*Avez vous le medecin pour le mal de travail?*« Irgendetwas am Ton ihrer Antwort auf meine Bitte um Pillen gegen die »Arbeitskrankheit« ließ mich vermuten, dass wir wohl mit der Übelkeit würden leben müssen.

Unser nächstes Ziel war Mont Dzumac, ein einsamer Gipfel und einer der höchsten des Südens der Insel. Die Fahrt auf dem kurvenreichen Feldweg zum Gipfel war eine Herausforderung, aber ein faszinierendes Erlebnis, da die *maquis*, die stoppelige Heidefauna von Neukaledonien, gerade in voller Blüte stand. Von den niedrigen Büschen hingen bis zu sechs Zentimeter lange rote Glocken, Sträucher waren in atemberaubende Blüten gehüllt. Wie das australische Heideland verdankt sich diese Vegetation vor allem dem Untergrund. Die Felsen Neukaledoniens entstanden tief im Erdinnern und enthalten hohe Konzentrationen von Metallen wie Nickel. Diese sind für viele Pflanzen giftig, weshalb hier nur wenige, verkrüppelte Arten gedeihen. Um bestäubt zu werden, müssen diese Pflanzen die seltenen Insekten anlocken, daher die extravaganten Blüten.

Vor unserer Abreise aus Australien hatte ich einen Caldoche namens Jean-Pierre Revercé kennengelernt. Er war stellvertretender Bürgermeister von Bourail und hatte uns zu einem Besuch eingeladen, falls wir in die Gegend kommen sollten. Wir nahmen das Angebot dankend an. Als wir uns trafen, lud er uns in seine Hütte am Meer ein, die ganz allein in einer abgelegenen Bucht unweit des Strands stand. Sie lag inmitten eines Waldes aus heimischen Bäumen, die von leuchtend weißen, gardeniaähnlichen Blüten bedeckt waren. Später erfuhr ich, dass es sich tatsächlich um Angehörige der Gardenia-Familie handelte, die an den sandigen Küstenregionen der Insel wachsen. Die Hütte stand auf Pfählen und war nach allen Seiten offen. Als wir über die Baumwipfel auf das türkisfarbene Meer sahen, fühlten wir uns wie im Paradies.

An diesem Nachmittag fischten wir in der Lagune, und ich lernte Jean-Pierre ein wenig besser kennen. »Soll ich Ihren Haken dort hinwerfen, wo die Fische sind?«, fragte er mich. Dann warf er die Angel mit einem sonderbaren Schlenker aus. Nachdem eine ganze Weile nichts angebissen hatte, bemerkte ich, wie Jean-Pierre still in sich hinein kicherte, und ging der Angelschnur nach. Der Haken lag in der Kiste mit den Ködern, und die war tatsächlich voller Köderfische! Trotz dieses Streichs fingen wir genug Fische für ein üppiges Abendessen, doch Jean-Pierre schien noch nicht zufrieden. »Wir brauchen Krabben«, sagte er und marschierte mit einer Taschenlampe hinaus in die Dämmerung. Wie versprochen kam er eine Stunde später mit einer riesigen Krabbe zurück und legte sie neben den Fisch auf den Grill. Aber er hatte noch etwas anderes mitgebracht: eine perfekte Nautilusmuschel, die von der Flut direkt neben sein Boot gespült worden war. Die Nautilusmuschel von Neukaledonien ist vielleicht die schönste einer außergewöhnlich schönen Muschelgattung. Sie ist mit weißen und schokoladenbraunen Wellen gemustert, und ihre Spirale ist eine perfekte Fibonacci-Folge. Er reichte sie Alex mit einer Verbeugung und sagt: »Ein Geschenk des Meeres für Sie.«

17
DAS GEHEIMNIS VON MONT PANIÉ

Unsere Suche nach einem Affengesicht-Flughund auf Neukaledonien hatte keinen Erfolg gehabt, und uns blieb nur noch eine realistische Hoffnung: Mont Panié. Mit seinen mehr als 1600 Metern ist er der höchste Berg von Neukaledonien, und in den höheren Lagen hatten Botaniker eine Vegetation entdeckt, die, genau wie die auf dem Des Voeux Peak der Fidschi-Inseln, ein Refugium für eine solche Fledermausart sein könnte. Der Panié war allerdings nicht ganz so leicht zu erreichen wie der Des Voeux Peak. Diesmal führte nämlich keine Straße auf den Gipfel, sondern nur ein steiler Fußweg, der auf Meereshöhe begann. Nachdem wir am späten Vormittag angekommen waren, heuerten wir in einem nahe gelegenen Dorf zwei junge Männer als Führer an und marschierten durch das hohe Gras, das auf den Hängen der niedrigeren Lagen wucherte. Die stacheligen Grassamen, die sich durch Kleidung und Schuhe bohrten, machten uns das Leben schwer. Und als wäre das noch nicht schlimm genug, war die Luft unerträglich schwül.

Da wir alle Rucksäcke schleppten, war absehbar, dass wir unser Ziel, eine Schutzhütte knapp hundert Meter unter dem Gipfel, erst kurz vor Sonnenuntergang erreichen würden. Zum Glück kamen wir nach einigen Stunden in einen kühlen Wald, und der Marsch wurde erträglicher. Gegen Nachmittag erreichten wir eine Höhe von 1000 Metern und überschritten eine unsichtbare Grenze in eine Region, die konstant unter Wolken, Nebel und Regen liegt. Alex hatte sich mit einem unserer Führer, dem Sohn eines Häuptlings, angefreundet, der zufällig auch Alex hieß. Als wir neben einem Bach Rast machten, raunte sie ihm etwas auf Französisch zu. »*Oui, oui*«, antwortete der andere Alex und fuhr dann auf Englisch fort: »Ja, hier leben die Geister.«

Die dauernde Feuchtigkeit hatte ein Zauberland voller Bäume geschaffen, die ich nicht kannte. Einige schienen gewisse Ähnlichkeit mit den australischen Silbereichen zu haben, aber mit ihren riesigen Blättern und Blüten erschienen sie monströs. Andere konnte ich überhaupt nicht einordnen: Sie hatten wachsartige Knospen, die aussahen wie kleine Raumschiffe, und Triebe mit bizarren Formen und Farben. Sie waren einmalig auf der Welt, denn sie gehören zu Familien, die nur in den Bergen von Neukaledonien wachsen. Pflanzenfamilien sind zumeist alt, und diese Pflanzen hatten auf Neukaledonien überdauert, seit die Insel von Australien abgebrochen war. Seither war ein Pflanzenreich entstanden, das so einmalig war, dass man meinen könnte, sich auf einem anderen Planeten zu befinden.

Gegen Ende unseres Aufstiegs kamen wir an eine niedrige Felswand, unter der meterlange, riemenförmige Blätter mit phantastischen, scharlachroten Blüten wuchsen. Sie mussten zur Familie der Liliengewächse gehören, und mit Hilfe meines Bestimmungsbuchs erkannte ich sie bald als *Xeronema moorei*, eine seltene Pflanze, die nur an wenigen Stellen auf den Bergen Neukaledoniens wächst. Ich war überrascht, dass die Kanaken keinen Namen für diese ungewöhnliche Pflanze hatten, deren Blüten an riesige rote Zahnbürsten erinnern. Sie mussten sich doch Geschichten über diese blutroten Blüten erzählen, dachte ich, aber zumindest unsere Begleiter wussten nichts. Es schien mir eine Verschwendung, dass diese Schönheit seit Jahrmillionen hier blühte und sich nur so wenige menschliche Augen je an ihr berauscht haben.

Die Hütte, in der wir unser Lager aufschlugen, war als Schutzhütte gedacht, doch die Europäer, die sie gebaut hatten, hatten offenbar keine Ahnungen von den Bedingungen, die auf dem Berg herrschten. Sie war weder isoliert, noch hatte sie einen Kamin. Ich habe selten eine weniger geeignete Schutzhütte gesehen. Als es dunkel wurde und der warme Tag in kalten Nieselregen überging, wurden wir hungrig. Aber zunächst mussten wir unsere Netze aufspannen und Wege ausfindig machen, auf denen wir später Tiere beobachten konnten. Als wir zur Hütte zurückgingen, um unseren Doseneintopf auf dem Campingkocher heiß zu machen, regnete es kräftig. Wir waren erschöpft, aber die grob zusammengezimmerten Holzdielen des Fußbodens luden nicht zum Ausruhen ein. Stattdessen stiegen wir wieder bis auf 1000 Meter hinunter, hielten nach Tieren Ausschau und gingen unsere Netze ab.

Missmutig stapfte ich durch den immer stärker werdenden Regen, aber kaum war ich im Wald, hob sich meine Laune schlagartig, und die Erschöpfung fiel von mir ab. In dieser Nacht sah ich Dinge, die ich mir selbst in meinen verrücktesten Träumen nicht ausgemalt hätte. Es war wie bei Alice im Wunderland. Hier hatte das Leben, das 90 Millionen Jahre lang in Isolation existiert hatte, Jäger und Gejagte, Pflanzen und Parasiten hervorgebracht, die genauso gut auch aus einer fernen Galaxie stammen konnten.

Jedes Blatt, jeder Zweig war mit Girlanden aus Flechten und Moosen geschmückt, auf denen im Licht der Taschenlampe die frischen Regentropfen glitzerten. In dieser Welt gab es keine Possums, keine Affen und keine anderen erdlebenden Säugetiere. Stattdessen grasten auf den Blättern Schnecken – riesige, eckige, bunt gefärbte Schnecken, die bis zu 10 Zentimeter lang waren. In allen Regenbogenfarben krochen sie über die Blätter: Einige waren leuchtend gelb mit roten Streifen, andere grau mit schwarzen Streifen, wieder andere braun und gelb oder schwarz und weiß. Mit der feierlichen Majestät des Mondes krochen diese psychodelischen Weichtiere durch die schweigende Nacht und zogen ihre silbrige Spur. Während sie geräuschlos die verrottende Vegetation fraßen, glitten sie so ruhig dahin, dass die einzige Bewegung ihr Atemloch auf dem Rücken zu sein schien, das sich in Zeitlupe öffnete und schloss.

Ich sah in jedem Netz und jedem blühenden Baum nach, doch nichts deutete auf die Anwesenheit einer Fledermaus hin. Im ganzen Wald schien kein einziges größeres Tier zu leben. Dann betrat der König dieses Reichs in den Wolken die Bühne. Auf einem großen Blatt neben dem Weg saß eine Riesenkrabbenspinne, die so groß war wie meine ganze Hand und deren Körper unheimlich phosphoreszierend leuchtete. Unbeweglich saß sie auf ihrem Blatt, bis ich sie schon fast berührte. Erstaunt über diese Gleichgültigkeit stieß ich sie vorsichtig mit einem Zweig an und stellte fest, dass sie tot war. Aber nicht nur tot, sondern auf ihrem Blatt festgeklebt. Ich nahm sie ab, um sie genauer in Augenschein zu nehmen: Sie war von einem erbarmungslosen Parasiten verwandelt worden, ihr gesamter Unterleib war von einem Pilz überwuchert, und von diesem ging das phosphoreszierende Leuchten aus, das meine Aufmerksamkeit erregt hatte.

Der Parasit muss die Kontrolle über das Gehirn der Spinne gewonnen und sie dazu gebracht haben, auf das große Blatt über dem Boden zu klettern, denn dies ist ein idealer Ort zur Verbreitung seiner Sporen. Er hatte die Spinne dazu gebracht, dort sitzen zu bleiben, während er seine unsichtbaren Zellfäden in jedes Glied und Körperteil ausstreckte, bis nur noch eine leere Hülle von der Spinne übrig war.

Aus dem toten Jäger würden bald kleine Pilze wachsen, deren Sporen sich durch die Luft verbreiten, um andere Spinnen zu befallen. Wir wissen nicht, wie ein Pilz es schafft, eine Spinne fernzusteuern. Aber auf den vergessenen Bergen ferner Inseln passieren solche Dinge.

In dieser Nacht kam der Schlaf spät und der Tagesanbruch viel zu früh. Nachdem wir ein weiteres Mal unsere Netze abgegangen waren, nahm ich alle meine Kräfte zusammen und kletterte die hundert Meter zum Gipfel des Mont Panié. Die Bergspitze war eigentlich ein kleines Plateau, zwischen den Büschen wuchsen einige Dutzend Nadelbäume, von denen die größten bis zu dreißig Meter hoch waren. Es handelte sich um *Araucaria schmidii*, eine urzeitliche Art aus einer Gattung, die während der Zeit der Dinosaurier ihre Blütezeit erlebt hatte. Damals wuchsen die Araukarien auf dem gesamten Planeten, heute kommen sie nur noch in Australien, Südamerika und den Inseln des Südwestpazifiks vor. Die *Araucaria schmidii* ist vermutlich die seltenste von allen, denn sie wächst nur auf dem Gipfel des Panié. Um mich herum standen sämtliche Überlebenden ihrer Art – ein paar Dutzend Bäume.

Nach zwei Nächten auf dem Gipfel, während deren es fast ununterbrochen regnete, stiegen wir wieder hinunter zur Küste und gingen auf dem Weg nach unten noch einmal unsere Netze ab. Das einzige Säugetier, das wir fanden, war ein Exemplar des Neukaledonischen Flughunds.

Es ist schwer, ein solches Ergebnis zu beurteilen. War unsere Expedition gescheitert? Nach einer derart kurzen Untersuchung konnten wir nicht ausschließen, dass es doch einige Affengesicht-Flughunde auf dem Gipfel des höchsten Berges von Neukaledonien gab. Ich würde eher sagen, dass wir Spuren im Sand hinterlassen haben – Spuren, die vielleicht eines Tages eine neue Generation von Wissenschaftlern zu einem verborgenen Schatz führen.

Aber welche Bedeutung haben unsere Expeditionen zu den melanesischen Inseln insgesamt? Es gibt sicher Menschen, die der Ansicht sind, dass unsere Forschungsreisen nicht mehr waren als ein romantisches Abenteuer. Warum sollte sich schon jemand für ein obskures Lebewesen interessieren, das auf einer kleinen Insel am Ende der Welt lebt? Was würde die Welt denn schon verlieren, wenn es ausstarb? Es wird sicher niemand behaupten, dass das Leben auf den Pazifikinseln einen entscheidenden Beitrag zum Überleben der Menschheit und des Planeten leistet, denn seine Auswirkungen auf das Erdsystem sind schließlich minimal. Aber Leben ist mehr als Überleben. Wer würde sich zum Beispiel nicht wünschen, einmal einen Dodo zu sehen? Und wie viel reicher wäre die Wirtschaft von Mauritius, wenn sie noch durch die Wälder der Insel spazieren würden, diese wunderlichen *dodaars* oder Knotenärsche, wie die holländischen Entdecker die flug-unfähige Riesentaube nannten?

Die wirtschaftlichen Vorteile des Ökotourismus mögen einer der Gründe sein, die Artenvielfalt der Inseln zu erhalten. Wissen-schaftler haben ein weiteres Interesse. Die auf Inseln lebenden Arten helfen uns verstehen, wie Evolutionsprozesse funktionie-ren. Im Grunde geht das uns alle an, denn die Evolution durch natürliche Auslese ist die Kraft, die uns und alles Leben geformt hat. Wenn wir uns selbst verstehen wollen, sind wir gut beraten, die Evolution zu ergründen, und diese wirkt nirgends auf so fas-zinierende und lehrreiche Weise wie auf Inseln.

Während unserer Expeditionen zu den Inseln südlich und öst-lich von Neuguinea haben wir untersucht, welchen Einfluss Ent-fernung vom Festland, Größe, Alter und Isolation einer Insel auf die Säugetiere hatten, deren Vorfahren an den Küsten dieser Mi-niaturwelten angespült wurden. Wir haben zehn Säugetierarten entdeckt, die der Wissenschaft bis dahin nicht bekannt waren. Leider mussten wir auch feststellen, dass einige der Arten, die frühere Forscher beschrieben hatten, mit ziemlicher Sicherheit ausgestorben waren, darunter die Kaiserratte von Guadalcanal. Und wir haben festgestellt, dass einige Arten, zum Beispiel die Riesenratte von Malaita, bereits ausgestorben waren, ehe sie von einen Wissenschaftler benannt und beschrieben werden konnten.

Ein wichtiges Ergebnis unserer Arbeit war, dass es nun genügend Material gab, um die erste umfassende Darstellung der Säugetiere Ozeaniens zu schreiben und damit den Grundstein für neue Forschungsarbeiten zu legen. Wir hoffen, dass diese Arbeiten weitere Informationen liefern, die wir benötigen, um die Arten der Region zu erhalten. In der Tat lieferten unsere Forschungen bereits den Anstoß für einige Artenschutz-Maßnahmen. Die International Union for the Conservation of Nature (IUCN) berücksichtigte unsere Erkenntnisse bei der Erstellung ihrer Roten Liste, die wiederum herangezogen wird, um beim Artenschutz Prioritäten zu setzen. Außerdem schrieben wir Berichte für die Regierungen der pazifischen Inselstaaten, in denen wir das reiche biologische Erbe dokumentierten und die Notwendigkeit des Artenschutzes hervorhoben. Bedauerlicherweise genießt der Naturschutz in vielen dieser Nationen keine Priorität.

Der vielleicht größte Schatz der Scott-Expeditionen waren die Erfahrungen, die wir zurückbrachten. Auf jeder Insel stießen wir auf vergessene Geschichten. Überall entdeckten wir die Spuren der Missionare des 19. Jahrhunderts, zum Beispiel in Form von Missionskleidern der Frauen oder den kleinen Kirchen, die von einheimischen Pastoren betreut wurden. Und bis heute lässt sich nicht übersehen, dass diese Inseln einer der Schauplätze des größten Konflikts der Menschheitsgeschichte waren. Auf den ehemaligen Schlachtfeldern des Pazifiks liegt bis heute der Müll des Zweiten Weltkriegs – Flugplätze, von denen einige so groß sind wie der Heathrow Airport in London, ganze Flotten von versenkten Kriegsschiffen und Flugzeugen, Staffeln von korallenüberwucherten Jeeps, Lastwagen und Panzern und aller erdenkliche Militärschrott. Am eindrucksvollsten war jedoch die Gastfreundschaft, die man uns Fremden überall entgegenbrachte.

In den zwei kurzen Jahrzehnten, die seit Abschluss unserer Arbeit vergangen sind, ist mehr verlorengegangen als Artenvielfalt. Im Gefolge der Entkolonialisierung wurden ganze Gesellschaften durch Bürgerkrieg und Not zerrissen. Wir hatten das Glück, die Salomonen besuchen zu können, als Honiara noch ein blühender und friedlicher Ort war. Wir tranken Kava mit den Häuptlingen von Fidschi, ehe diese in Militärputsche verwickelt wurden, und wir kampierten auf einsamen tropischen Stränden, ehe sie von Hotelburgen zubetoniert wurden. Vielleicht erlebten wir die Inseln in ihrem letzten goldenen Moment vor der Invasion des 21. Jahrhunderts. So fühlt es sich zumindest aus heutiger Sicht an.

Nach Abschluss unserer Expeditionen zu den Inseln des Südwestpazifiks war unsere Arbeit noch lange nicht getan. Westlich und nordwestlich von Neuguinea liegen weitere Inselgruppen, auf denen die Evolution einmalige Lebensräume geschaffen hat. Wenn wir unsere Untersuchungen auf diese Region ausweiteten, könnten wir eine endgültige Geschichte der Säugetiere auf allen Inseln Ozeaniens schreiben. Diese Region liegt im großen Inselreich Indonesiens, und genau auf sie sollten sich die Scott-Expeditionen zu Beginn der 1990er Jahre konzentrieren. Die Wunder, die wir auf den westlichen Inseln entdeckten, sollten unsere Entdeckungen in Ozeanien noch in den Schatten stellen. Aber das ist eine andere Geschichte und wird in einem anderen Buch erzählt.

NACHWORT

Vielleicht fragen Sie sich, warum wir so viele Exemplare für Museen sammelten. Dazu mussten schließlich viele Tiere getötet werden, und dies scheint im Widerspruch zu dem Schutz bedrohter Arten zu stehen, um den es uns letztlich geht. Dabei sollten Sie bedenken, dass Wildtiere auf den untersuchten Inseln eine wichtige Nahrungsquelle darstellen. Wo immer möglich, nahmen wir unsere Proben (in der Regel Haut, Schädel und Leber) von Tieren, die von den Einheimischen zum Verzehr getötet wurden. Wo dies nicht möglich war, sammelten wir mit Hilfe von Fallen, Netzen und Gewehren nur so viele Exemplare, wie unbedingt nötig waren, um eine Art eindeutig zu bestimmen. Wo immer möglich, fingen wir die Tiere lebend und bewahrten sie in Leinensäcken auf, bis wir sie untersuchen konnten; danach ließen wir sie frei oder töteten sie auf möglichst humane Weise, um sie zu konservieren. Kleine Tiere, die wir konservierten und die nicht von den Einheimischen verzehrt wurden, töteten wir vorzugsweise, indem wir ihnen einen Tropfen Nembutal (das das Herz aussetzen lässt) auf die Zunge gaben oder spritzten.

Aber wozu sind so viele Proben erforderlich? Die Wissenschaft der Taxonomie, der Klassifizierung von Arten, ermöglicht es den Wissenschaftlern, gefährdete Arten zu identifizieren. Ohne diese Identifizierung ist kein Artenschutz möglich. Stellen Sie sich vor, Sie sind ein Biologe und stellen fest, dass eine Tierart auf einer Insel vom Aussterben bedroht ist. Wenn Sie helfen wollen, müssen Sie die Art zunächst identifizieren, das heißt, Fell und

Zähne müssen mit den Typen ähnlicher Arten verglichen werden. Typen sind diejenigen Exemplare, nach der eine Art benannt
wird; sie sind so etwas wie die Wappentiere ihrer Art und werden
in den Museen in aller Welt aufbewahrt. Wenn Sie Ihre Art identifiziert haben, müssen Sie herausfinden, ob Sie auch noch auf anderen Inseln vorkommt oder nur auf der fraglichen Insel. Dazu
benötigen Sie weitere Proben von anderen Inseln, um das mögliche Verbreitungsgebiet der Art zu bestimmen. Oft benötigen Sie
mehrere Exemplare, da andere Inseln die Heimat einer ähnlichen
Art sein können, die sich jedoch genetisch unterscheidet und einen
anderen Lebensraum hat.

Bei unseren Untersuchungen haben wir oft die allerersten
Exemplare einer Art auf einer bestimmten Insel gesammelt. Es
war Pionierarbeit im Stile der Forscher des 19. Jahrhunderts.
Wer heute auf unserer Arbeit aufbaut, kann ganz anders vorge-
hen. Dank der Fortschritte bei der DNA-Analyse genügen heute
bereits kleine Haarproben, um eine Art eindeutig zu identifizieren. Trotzdem sind umfassende Vergleiche mit Haut, Schädeln
und Gewebeproben der Exemplare erforderlich, die wir vor zwanzig Jahren gesammelt haben.

Aber bei aller Begeisterung und bei allem Wert der Forschung
wäre ich heute nicht mehr in der Lage, die Arbeit zu tun, die ich
damals getan habe. Je älter ich werde, desto schwerer fällt es mir,
Tiere zu töten, und sei der Zweck noch so gut.

Es ist schwer zu glauben, dass seit meiner ersten Reise zu den
melanesischen Inseln ein Vierteljahrhundert vergangen ist. Damals
war ich ein anderer Mensch: naiv, voller jugendlichem Taten-
drang und gefährlich optimistisch. Außerdem war ich achtloser,
und ich muss nun mit Bedauern feststellen, dass meine Notizbücher aus jener Zeit die Ereignisse nur sehr ungefähr wiedergeben
und ich vor allem notiert habe, an welchen Orten ich mich aufhielt und welche Tiere ich dort gefunden habe. Dieses Buch be-

schreibt weit mehr als das, weshalb ich mich in weiten Teilen auf meine Erinnerung verlassen musste, zum Teil unterstützt durch Fotos, die wir damals gemacht haben. Das Buch gibt die Ereignisse wieder, so wie ich mich an sie erinnere, und es kann durchaus sein, dass meine damaligen Begleiter die Ereignisse anders in Erinnerung haben.

Dieses Buch ist keine direkte Nacherzählung unserer Expeditionen. Im Sinne des Erzählflusses habe ich gelegentlich mehrere Expeditionen zusammengezogen. Und da die Kapitel geographisch geordnet sind, lasse ich den genauen Zeitpunkt einer Expedition gelegentlich unerwähnt, da eine streng chronologische Darstellung den Leser nur verwirren würde. In einigen Fällen stelle ich die Erlebnisse anderer Expeditionsteilnehmer dar; wo immer dies der Fall war, geht dies aus dem Text hervor.

An der Durchführung unserer Expeditionen war eine kleine Armee beteiligt. Die Arbeit wäre unmöglich gewesen ohne die großzügige Unterstützung durch die Regierungen von Papua-Neuguinea, der Salomon-Inseln, der Fidschi-Inseln und Neukaledoniens, vor allem den jeweiligen mit dem Artenschutz betrauten Ministerien. Am Australischen Museum erhielt ich die Unterstützung sämtlicher Mitarbeiter, angefangen vom Direktor Des Griffin bis zu den Aufsehern und Reinigungskräften, die hinter den Kulissen wirkten und mir meine Arbeit erleichterten. Ihnen allen gilt mein Dank, genau wie den Bewohnern der Inseln, die wir besuchten. Ohne ihr Entgegenkommen und ihre Unterstützung hätten wir gar nichts erreicht.

Mein größter Dank gilt den Teilnehmern der Scott-Expeditionen. Wir wussten nie, ob unsere Fördermittel um ein weiteres Jahr verlängert würden, und ich danke allen für ihre enorme Geduld und Großzügigkeit. Außerdem haben alle Beteiligten erhebliche Gefahren und Risiken auf sich genommen und Außergewöhnliches geleistet. Unsere Mannschaft bestand aus Ian Aujare,

Nachwort

Tish Ennis, Dr. Diana Fisher, Pavel German, Dr. Sandra Ingleby, Tanya Leary, Peter Manueli, Dr. Harry Parnaby, Lester Seri, Dr. Alexandra Szalay und Dr. Elizabeth Tasker. Ihnen allen herzlichen Dank. Was waren das für Abenteuer!

ANMERKUNGEN

1   Malinowski, B. *The Sexual Life of Savages in North-Western Melanesia.* George Routledge and Sons, London, 1929.

2   Meek, A. S. *A Naturalist in Cannibal Land.* T. Fischer Unwin, London, 1913, S. 76.

3   Ebda, S. 78.

4   Damon, F. *From Muyuw to the Trobriands.* University of Arizona Press, Tucson, 1990, S. 55.

5   Meek, A. S. *A Naturalist in Cannibal Land.* T. Fischer Unwin, London, 1913.

6   Brass, L. J. u. a. »Results of the Archbold Expeditions«, 75, 1956. »Summary of the Fourth Archbold Expedition to New Guinea«, in *Bulletin of the American Museum of Natural History*, 111(2), 1953, S. 144.

7   Hempenstall, P. J. *Pacific Islands under German Rule.* ANU Press, Canberra, 1978, S. 151.

8   Troughton, E. Le G. und Livingstone, A. A. »Last Days at Santa Cruz«, *The Australian Zoologist*, 111(4), 1927, S. 114–23.

9   Woodford, C. M. *A Naturalist Among the Head Hunters, Being an Account of Three Visits to the Solomon Islands in the Years 1886–1888.* George Phillip and Sons, London, 1890.

10 Hill, J. E. »A Memoir and Bibliography of Michael Rogers Oldfield Thomas, FRS«, *British Museum of Natural History, Historical Series*, 18(1), London, 1990, S. 25–113.

11 Andersen, K. »Diagnoses of new bats of the families Rhino-

lophidae and Megadermatidae«, *Annals and Magazine of Natural History* 9(2), 1918.

12 Flannery, T. »Stuffed & Pickled«, *Australian Natural History*, 22(10), 1988.

13 Keesing, R. and Corris, P. *Lightning Meets the West Wind. The Malaita Massacre.* Oxford University Press, Melbourne and Oxford, 1980.

14 Ebda.

15 Ebda, S. 135.

16 Ebda, S. 135f.

17 Ebda, S. 188.

18 Ebda, S. 203.

19 Troughton, E. le G. »The Mammalian Fauna of Bougainville Island, Solomons Group«, *Records of the Australian Museum* XIX (5), 1936, S. 341.

20 Fisher, D. »An Ecological Study of a New Species of Monkey-Faced Bat from the Islands of New Georgia and Vangunu, the Solomon Islands«, Research Report to the Mammal Department, Australian Museum, 1992.

21 Endicott, W. »A Cannibal Feast at the Feejee Islands«, *Danvers Courier*, 16. August, 1845; Nachdruck in: *Wrecked Among Cannibals in the Feejees.* Marine Research Society, Salem, Massachusetts, 1923.

22 Hill, A. V. S. und Serjeantson, S. W. (Hg.). *The Colonisation of the Pacific. A Genetic Trail.* Clarendon Press, Oxford, 1989.

23 Ryan, P. *Fiji's Natural Heritage*, Exisle Publishing, NZ, 2000.

24 Williams T. und Calvert, J. *Fiji and the Fijians*, Fiji Museum, Suva, 1858, 1985 (Nachdruck), S. 239.

25 Ebda.

26 Ebda.

27 Ebda, S. 152.
28 Ebda, S. 153.
29 Ebda.
30 Ebda, S. 155.

ABBILDUNGEN

Abdruck mit freundlicher Genehmigung von:
Kula-Kanu, Die *Sunbird*, Auslegerkanus: M. Holics.
Kula-Häuptling: T. Ennis.
Einheimische mit schwarzem Buschkänguru, Woodlark-Kuskus,
Basislager, Kwaio-Frau mit Maiskolbenpfeife, Naufe'e, Folofo'u,
Blüten, *Araucarias:* Tim Flannery.
Königsratte, Tim mit Fledermaus: M. McCoy.
Poncelets Riesenratte: T. Leary.
Fidschi-Affengesicht: P. German.